AF502568

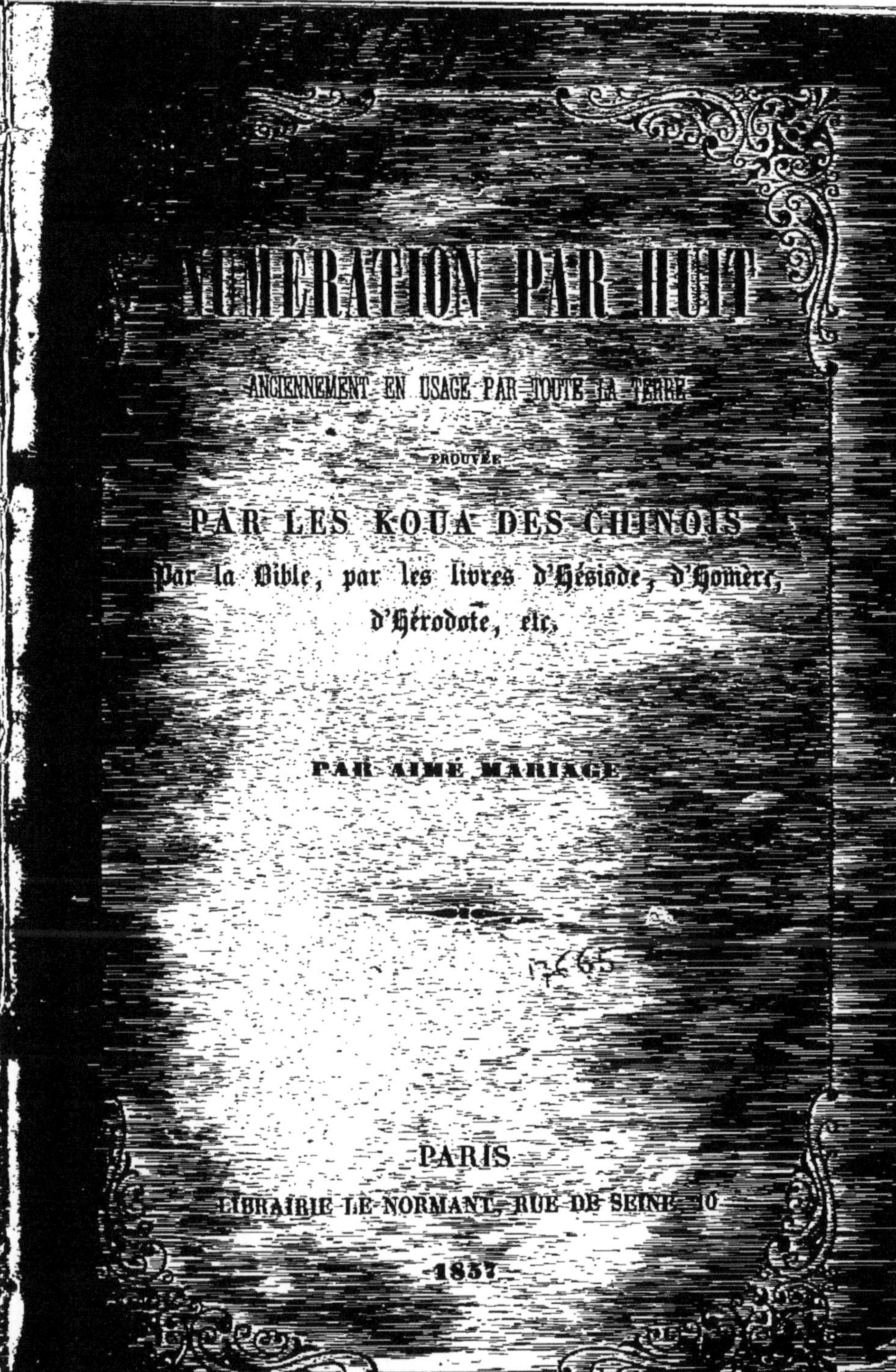

NUMÉRATION PAR HUIT

ANCIENNEMENT EN USAGE PAR TOUTE LA TERRE

PROUVÉE

PAR LES KOUA DES CHINOIS

Par la Bible, par les livres d'Hésiode, d'Homère, d'Hérodote, etc.

PAR AIMÉ MARIAGE

PARIS

LIBRAIRIE LE NORMANT, RUE DE SEINE, 10

1857

NUMÉRATION PAR HUIT

ANCIENNEMENT EN USAGE PAR TOUTE LA TERRE

V

45949

PARIS. — IMPRIMERIE LE NORMANT, RUE DE SEINE, 10.

C.

NUMÉRATION PAR HUIT

ANCIENNEMENT EN USAGE PAR TOUTE LA TERRE

PROUVÉE

PAR LES KOUA DES CHINOIS

Par la Bible, par les livres d'Hésiode, d'Homère, d'Hérodote, etc.

BIBLIOTHÈQUE IMPÉRIALE
IMPR.

PAR AIMÉ MARIAGE

PARIS
IMPRIMERIE LE NORMANT, RUE DE SEINE, 10
1857

MÉMOIRES

PROUVANT

QUE LA NUMÉRATION PAR HUIT ÉTAIT CELLE EN USAGE

PAR TOUTE LA TERRE DANS LA HAUTE ANTIQUITÉ.

Je commence par établir que les célèbres lignes des Chinois, connues sous le nom de Koua, dont l'interprétation était restée un mystère, sont un symbole de cette numération. Ces lignes, composées de 8 figures types (les 8 premiers nombres), formant 64 combinaisons, 8 fois 8, sont la représentation de la huitaine et du cent ancien.

Je donne l'explication des figures chinoises encore plus anciennes, le Ho-tou et le Lo-chou; ce ne sont pas des tables de 10 et de 9 nombres, telles que la tradition nous les a apportées, mais bien des tables divisées en 9 et en 8 parties.

J'établis que les nombres primitifs mentionnés dans les ouvrages chinois, dans la Bible, dans les livres d'Hésiode, d'Homère, d'Hérodote, etc., étaient exprimés dans l'origine suivant la numération par 8. Je fais voir que les divers nombres partiels mentionnés dans ces livres, qui, étant additionnés par la méthode actuelle du calcul par 10, ne répondent pas au total qui s'y trouve exprimé, y correspondent suivant le calcul par 8.

Je commente le jeu d'oie, que l'on peut considérer comme étant un monument précieux, conservé de l'ancienne numération par 8.

J'établis que les heures, les jours, les semaines, les mois, les ans et toutes les périodes des temps anciens existaient suivant la numération par 8, de même que les poids et mesures, monnaies, de même que la division du cercle et de tous les objets de science.

Enfin, les preuves que j'apporte sont tellement évidentes que la conviction deviendra entière dès la lecture d'une partie de ces Mémoires.

Maintenant que j'aurai donné la clef (le calcul par 8), les savants qui voudront chercher de nouvelles preuves en découvriront dans tous les livres anciens.

AIMÉ MARIAGE.

MÉMOIRES

SUR LA NUMÉRATION ANCIENNE PAR HUIT

FAITS PROUVANT QUE CETTE NUMÉRATION A EXISTÉ.

Explication des 64 figures ou lignes chinoises connues sous le nom de Koua.

Je crois devoir faire connaître les circonstances de cette découverte ; voici ce qui m'y a conduit. J'ai lu dans l'Astronomie ancienne de Bailly :

« Les Chinois ont conservé un ouvrage du règne de « l'empereur Fo-hi ; c'est l'Y-king ou caractères de Fo-« hi ; ce sont des lignes entières ou rompues, qui forment « 64 combinaisons. Les Chinois sont persuadés que les « principes de la morale, des sciences et de l'astrologie « y sont cachés ; ils se fatiguent pour les y retrouver. « Dans tous les temps, le premier soin de tout Chinois « qui a inventé une théorie astronomique a été de « prouver qu'elle était renfermée dans les Koua de Fo-hi. « Confucius n'y a pas manqué pour sa morale, qu'il a « étayée du respect que la nation porte à cet empereur ; « mais il n'est point sûr que ces caractères aient jamais « signifié quelque chose, et il est très-possible que ce ne « soit qu'un essai fait au hasard, pour ranger ces deux « sortes de lignes selon toutes les combinaisons qu'elles « peuvent admettre. »

Cette lecture m'a fait rappeler que j'avais présenté à l'Académie des Sciences, au commencement de 1840, un Mémoire sur un nouveau système de calcul qui réduit à 8 le nombre des chiffres, dont 8 fois 8 font 64 ;

Je me suis dit, avant de les avoir vues, que les 64 figures chinoises étaient sans doute ce système inventé et mis en pratique antérieurement à la numération actuelle par 10. Je me suis donc procuré l'Y-king, traduit en latin par le P. Régis. Comme je voulais trouver 8 figures primitives pour les 8 premiers nombres, je commençai par relever de la table du P. Régis les demi-figures qui n'étaient pas semblables. Je relevai les signes

☰ ☱ ☲ ☳ ☴ ☵ ☶ ☷

Je les comptai, j'en trouvai 8 ; c'était le nombre que je désirais. Voulant trouver un rapport entre ces signes, suivant l'ordre des numéros de la table du P. Régis, je ne pus amener aucune liaison : il n'y en a pas. Comme j'avais relevé aussi dans l'Y-king, d'une feuille plus petite qui paraît y avoir été ajoutée, et dont ci-après la copie, une table de ces mêmes figures du P. Régis dans le même ordre, mais portant en marge à droite des numéros différents suivant le P. Gaubil, je remarquai que la figure numéro 2 du P. Régis portait, suivant le P. Gaubil, le numéro 64. Cette figure était ainsi tracée ☷☷. Cette similitude des deux demi-figures pour ce numéro 64, qui pour moi est 8 fois 8, me frappa, et j'en conclus que ce devait bien être 64. Pour m'en assurer, je cherchai, suivant l'annotation du P. Gaubil, les numéros 8, 16, 24, 32, 40, 48, 56, qui sont, par mon système, 8 que je pose comme 10 ; 16 ou 2 fois 8 ou 20 ; 24 ou 3 fois 8 ou 30, etc. Je trouvai que toutes ces figures avaient pour le signe inférieur le même signe ☷. Je n'ai point pensé alors à prendre note de la partie supérieure de ces 8 figures qui m'auraient indiqué tout de suite les 8 chiffres régulateurs.

Je continuai à chercher le signe du 2 dans les figures 10, 18, 26, 34, 42, 50, 58, qui sont 8 + 2, 2 fois 8 + 2, 3 fois 8 + 2, 4 fois 8 + 2, 5 fois 8 + 2, 6 fois 8 + 2, 7 fois 8 + 2, et je trouvai pour le signe inférieur le même signe ☱. A ce moment ma conviction devint entière ; j'avais trouvé l'explication des signes ; je formai de la même manière les 8 premiers nombres.

1 2 3 4 5 6 7 8

Je cherchai ensuite la classification des signes supérieurs et j'amenai les mêmes signes, ce qui me prouva que les mêmes signes représentent au-dessous les 8 nombres 1 à 8, et au-dessus les 8 séries de nombres 1 à 8.

Ainsi la 1re série 1 à 8 porte au-dessus le signe
» 2e » 9 à 16 »
» 3e » 17 à 24 »
» 4e » 25 à 32 »
» 5e » 33 à 40 »
» 6e » 41 à 48 »
» 7e » 49 à 56 »
» 8e » 57 à 64 »

Je joins ci-contre un tableau explicatif de cette manière de nombrer ; ces figures sont donc la représentation des 64 premiers nombres, suivant un système de numération par 8.

Lorsque l'on ne connaissait pas les chiffres arabes et l'emploi du zéro, on a dû trouver infiniment simple une combinaison de lignes droites que chacun pouvait tracer facilement. Cette méthode de compter par 8 est admirable, et infiniment supérieure à notre numération par 10 ; j'espère que la preuve qu'elle a existé la fera remettre en usage. Les avantages de cette méthode sont incontestables ; ils sont mentionnés dans mon premier Mémoire sur la numération par 8, transcrit ci-après, ainsi que la copie d'une lettre que j'ai écrite sur ce sujet au pape Grégoire XVI.

Table cinquième du P. Régis, disposée dans l'ordre où les figures sont expliquées dans l'Y-king.

ORDRE DES NUMÉROS, SUIVANT LE P. RÉGIS ET LE P. GAUBIL :

Régis.	Gaubil.	Régis.	Gaubil.	Régis.	Gaubil.	Régis.	Gaubil.	Régis.	Gaubil.
1	1	14	17	27	52	40	30	53	39
2	64	15	63	28	13	41	50	54	26
3	44	16	32	29	46	42	36	55	27
4	54	17	12	30	19	43	9	56	23
5	41	18	53	31	15	44	5	57	37
6	6	19	58	32	29	45	16	58	10
7	62	20	40	33	7	46	61	59	38
8	48	21	20	34	25	47	14	60	42
9	33	22	51	35	24	48	45	61	34
10	2	23	56	36	59	49	11	62	31
11	57	24	60	37	35	50	21	63	43
12	8	25	4	38	18	51	28	64	22
13	3	26	49	39	47	52	55		

Tableau établissant que les lignes chinoises sont des chiffres formant un système de numération par 8.

	1e série	2e série	3e série	4e série	5e série	6e série	7e série	8e série
Nombres 1	1	9 — 8 + 1	17 — 2 f8 + 1	25 — 3 f8 + 1	33 — 4 f8 + 1	41 — 5 f8 + 1	49 — 6 f8 + 1	57 — 7 f8 + 1
2	2	10 — 8 + 2	18 — 2 f8 + 2	26 — 3 f8 + 2	34 — 4 f8 + 2	42 — 5 f8 + 2	50 — 6 f8 + 2	58 — 7 f8 + 2
3	3	11 — 8 + 3	19 — 2 f8 + 3	27 — 3 f8 + 3	35 — 4 f8 + 3	43 — 5 f8 + 3	51 — 6 f8 + 3	59 — 7 f8 + 3
4	4	12 — 8 + 4	20 — 2 f8 + 4	28 — 3 f8 + 4	36 — 4 f8 + 4	44 — 5 f8 + 4	52 — 6 f8 + 4	60 — 7 f8 + 4
5	5	13 — 8 + 5	21 — 2 f8 + 5	29 — 3 f8 + 5	37 — 4 f8 + 5	45 — 5 f8 + 5	53 — 6 f8 + 5	61 — 7 f8 + 5
6	6	14 — 8 + 6	22 — 2 f8 + 6	30 — 3 f8 + 6	38 — 4 f8 + 6	46 — 5 f8 + 6	54 — 6 f8 + 6	62 — 7 f8 + 6
7	7	15 — 8 + 7	23 — 2 f8 + 7	31 — 3 f8 + 7	39 — 4 f8 + 7	47 — 5 f8 + 7	55 — 6 f8 + 7	63 — 7 f8 + 7
8	8	16 — 8 + 8	24 — 2 f8 + 8	32 — 3 f8 + 8	40 — 4 f8 + 8	48 — 5 f8 + 8	56 — 6 f8 + 8	64 — 7 f8 + 8

NOTA. Les demi-figures tracées sur le côté représentent les chiffres 1 à 8, qui se trouvent toujours placés dans la partie inférieure de chaque figure.

Les mêmes demi-figures tracées en haut du tableau représentent les séries des nombres 1 à 8, qui se trouvent toujours dans la partie supérieure de chaque figure.

Donc toutes les lignes horizontales inférieures des figures sont composées d'un même signe, et toutes les lignes verticales supérieures des figures sont aussi composées d'un même signe.

Copie du Mémoire présenté à l'Académie des Sciences, le 11 mai 1840.

Nouveau système de calcul qui réduit à 8 le nombre des chiffres, et ayant sur le calcul par 10 l'avantage d'une multiplication et d'une division plus simples et plus faciles.

Les chiffres seront 1, 2, 3, 4, 5, 6, 7, 8; je supprime 9 et 10. Le 8 se posera comme maintenant le 10, puis on continuera 11, 12, 13, 14, 15, 16, 17, 18; mais 18, qui devient le seizième nombre, se posera comme 20, et ainsi de 8 en 8 on aura :

8 fois 8 qui font 64 ce sera le 100.

8 » 64 qui font 512 ce sera le 1,000.

8 » 512 qui font 4096 ce sera le 10,000 et ainsi de suite.

Je mets ci-après un tableau des nouveaux nombres et une nouvelle table de multiplication.

Le calcul décimal ne peut-être compris par les personnes qui n'ont pas fait d'études, et même peu de celles qui en ont fait le comprennent; à plus forte raison son application sera-t-elle difficile et peut-être impossible pour l'usage journalier; et si les masses ne peuvent s'en servir, il perd son mérite puisque le calcul devrait être compris de tous. On n'est pas parvenu et on ne parviendra sans doute pas à faire peser et mesurer par 3/10, 7/10, etc. La pensée ne saisit pas bien ce que c'est que 3/10, 7/10; elle saisit parfaitement au contraire la demie, le quart, le huitième. On parviendrait à faire adopter ce système qu'on n'aurait fait qu'un pas, quand on peut en faire cent par le système que je propose.

La division par 8 commençant par 1/2, 1/4, 1/8, est comprise de tous; on prend moitié et encore moitié, puis on retrouve son unité de 8, et on double et on double encore, puis on retrouve encore l'unité. Qu'on double 1 on a 2, qu'on double 2 on a 4, qu'on double 4 on a 8; c'est encore 1 ou 10; qu'on double encore cette huitaine on a 20, puis 40, puis 100; et toujours ainsi on aura 1, 2, 4, 1, 2, 4, avec des 0.

Pour la division on a également toujours les mêmes chiffres.

Exemple : pour	1/2	1/4	1/8	1/16	1/32	1/64
On a par le calcul décimal	0,5	0,25	0,125	0,0625	0,03125	0,015625
par le calcul par 8	0,4	0,2	0,1	0,04	0,02	0,01

Si on continue la division par moitié à l'infini, on n'a jamais que 4, 2, 1, avec des 0.

Toute personne, sans savoir d'autre calcul que celui de doubler un nombre ou d'en prendre moitié, pourra connaître la 1/2, le 1/4, le 1/8, le 1/16, le 1/32, le 1/64, etc., d'un nombre quelconque, en changeant seulement parfois le nom de la série. Exemple sur le nombre 4.

Pour 1/2, prenez moitié de 4, c'est 2
» 1/4, doublez 4 c'est 8 qu'on posera ainsi 10, soit. 1
» 1/8, c'est le même nombre. 0,4
» 1/16, prenez moitié de 4 0,2
» 1/32, doublez 4 0,1
» 1/64, c'est le même nombre 0,04

Le grand avantage de ce genre de calcul, c'est de retrouver son unité ou son point de départ par le simple calcul de doubler un nombre ou d'en prendre moitié.

Tous les nombres à l'infini pourront se réduirepar 1/2, 1/4, 1/8; les fractions qui passeront seront elles-mêmes des 1/2, des 1/4, des 1/8; il ne restera pas de nombres à l'infini. Tous les calculs seront rigoureusement exacts; les nombres impairs deviendront plus rares.

On doit désirer de rendre universel un calcul quelconque, mais qui puisse être compris de tous. Dans tous les pays on double les nombres ou on en prend moitié, le quart, etc.; ce serait donc une nouvelle manière de compter, mise à la portée de toute intelligence. Toutes les règles de l'arithmétique seraient plus faciles : les deux chiffres les plus élevés sont supprimés ; la multiplication et la division par 8 auraient lieu comme par 10. Les mots ne sont rien, la manière de poser est tout, 8 se posant comme 10, 64 comme 100.

Les applications de ce système pour les poids, mesures, monnaies, contenteront tout le monde. Tout sera ramené à la plus grande simplicité, au calcul naturel de 1/2, 1/4, 1/8.

Ce sera en même temps le calcul décimal perfectionné.

Plus on étudiera le calcul par 8, plus on y découvrira d'applications faciles, de combinaisons heureuses; quelques-unes lui sont communes avec le calcul décimal; il en a les avantages, il n'en a pas les inconvénients; on peut très-bien se passer de dixièmes: c'est un embarras; on ne peut se passer de 1/2, de 1/4, de 1/8. Une personne qui n'a pas étudié ne peut calculer ce que coûtent 3/10, 7/10; elle pourra très-bien se rendre compte de tous les degrés d'une division par 8.

Quand on a commencé à compter, il est très-probable qu'on a compté sur ses doigts, ce qui a formé la série de 10 (1).

On n'était pas alors assez instruit pour penser aux suites de ce calcul. On est parti d'un point vicieux; l'habitude a tout fait. Il serait difficile de la détruire; mais est-ce une raison pour rejeter la seule véritable base de la science des nombres? Parce que notre génération n'est pas habituée à cette nouvelle manière de compter, faut-il léguer à celles à venir un travail fatigant, ou plutôt ce serait vouloir les laisser dans l'ignorance. Si le nouveau calcul présente des différences pour la génération actuelle, ne pensera-t-on pas que l'intérêt de la science et celui des générations futures doivent prévaloir sur quelques difficultés de transition.

Comment pourrait-on vulgariser le calcul décimal? Cette division n'est pas naturelle et n'entrera jamais dans les usages journaliers; on l'a prise ainsi parce qu'on avait 10 chiffres, mais c'est là qu'est le mal. *Il ne fallait pas faire la division pour les nombres, il fallait faire les nombres pour la division,* et les divisions faciles, naturelles, sont bien 1/2, 1/4, 1/8, de même que les

(1) A l'époque où j'ai présenté ce Mémoire, je ne pensais pas que la numération par huit avait existé.

multiplications naturelles sont bien de doubler, soit 2, 4, 8.

Depuis sa fondation, on a torturé le calcul décimal pour le faire adopter; on l'a établi d'abord dans toute sa pureté, c'est-à-dire dans toute sa rigidité; mais pour le vulgaire c'était la tour de Babel. On l'a ensuite mutilé en divisant les poids et mesures en 1/2, 1/4, 1/8. Ainsi du kilogramme on a fait des 1/2 kilogr., des 1/4 kilogr., des 1/8 kilogr.; mais des 1/2, des 1/4 et des 1/8 avec des nombres jusqu'à dix étaient incompatibles. Puisqu'on a reconnu que les 1/2, les 1/4, les 1/8 sont les seuls nombres qui puissent être compris et employés par tous, la conséquence est toujours qu'il faut adopter la série de 8 unités.

Par la méthode actuelle les nombres sont en quelque sorte des nombres isolés, sans liaison apparente; 10 n'est divisible que par 5 : 5 fois 2 ou 2 fois 5 font 10. C'est une série presque stérile, ingrate, produisant également des nombres ingrats qui portent la peine du péché originel.

Les nombres par 8 seront compris; ils se donnent la main, 1 à 1, 2 à 2, 4 à 4, 8 à 8. C'est une liaison sensible, apparente, non interrompue. Si ce nouveau genre de nombrer était appris dès l'enfance, il est on ne peut plus simple et facile; malheureusement ceux qui pourraient l'apprendre à l'enfance sont imbus de la méthode actuelle. Il faudra en quelque sorte adopter un nouveau langage de nombrer; la base 10 ne vaut rien, il faut en construire une nouvelle sur le nombre 8. Les matériaux viennent s'y grouper d'eux-mêmes; l'arithmétique sera réduite à sa plus simple expression. Adopter ce nouveau genre de calcul, c'est vulgariser la science par le monde entier.

NOMBRES		NOMBRES		NOMBRES		NOMBRES	
Nouveaux	Anciens.	Nouveaux.	Anciens.	Nouveaux.	Anciens.	Nouveaux.	Anciens.
1	1	24	20	47	39	72	58
2	2	25	21	50	40	73	59
3	3	26	22	51	41	74	60
4	4	27	23	52	42	75	61
5	5	30	24	53	43	76	62
6	6	31	25	54	44	77	63
7	7	32	26	55	45	100	64
10	8	33	27	56	46	200	128
11	9	34	28	57	47	300	192
12	10	35	29	60	48	400	256
13	11	36	30	61	49	500	320
14	12	37	31	62	50	600	384
15	13	40	32	63	51	700	448
16	14	41	33	64	52	1000	512
17	15	42	34	65	53	10000	4096
20	16	43	35	66	54	100000	32768
21	17	44	36	67	55	1000000	262144
22	18	45	37	70	56		
23	19	46	38	71	57		

NOUVELLE TABLE DE MULTIPLICATION PAR HUIT.

2	fois	2	font	4	4	fois	4	font	20
2	»	3	»	6	4	»	5	»	24
2	»	4	»	10	4	»	6	»	30
2	»	5	»	12	4	»	7	»	34
2	»	6	»	14	5	»	5	»	31
2	»	7	»	16	5	»	6	»	36
3	»	3	»	11	5	»	7	»	43
3	»	4	»	14	6	»	6	»	44
3	»	5	»	17	6	»	7	»	52
3	»	6	»	22	7	»	7	»	61
3	»	7	»	25					

Les carrés et les cubes jouent un grand rôle dans la nature. J'ajoute ici un tableau pour la manière de poser les chiffres, pour les carrés et les cubes de la progression double, suivant les deux modes de numération. Les carrés et les cubes, par la numération par 8, ne donnent jamais que 1, 2, 4 avec des zéros; aussi on peut dire que la numération par 8 est le calcul de Dieu. Les carrés et les cubes des mêmes nombres, par la numération par 10, demandent des calculs très-longs et produisent des nombres ingrats.

NUMÉRATION PAR 10 :					NUMÉRATION PAR 8 :		
Carré	2	fois 2	font	4	2	fois 2	font 4
Cube	2	4		8	2	4	10
Carré	4	4		16	4	4	20
Cube	4	16		64	4	20	100
Carré	8	8		64	10	10	100
Cube	8	64		512	10	100	1000
Carré	16	16		256	20	20	400
Cube	16	256		4096	20	400	10,000
Carré	32	32		1024	40	40	2000
Cube	32	1024		32,768	40	2000	100,000
Carré	64	64		4096	100	100	10,000
Cube	64	4096		262,144	100	10,000	1,000,000
Carré	128	128		16,384	200	200	40,000
Cube	128	16,384		2,097,152	200	40,000	10,000,000
Carré	256	256		65,536	400	400	200,000
Cube	256	65,536		16,777,216	400	200,000	100,000,000
Carré	512	512		262,144	1000	1000	1,000,000
Cube	512	262,144		134,217,728	1000	1,000,000	1,000,000,000

A notre Saint-Père le Pape Grégoire XVI.

« J'ai l'honneur de vous soumettre un nouveau système de calcul, par 8, offrant les avantages du calcul décimal sans ses inconvénients.

« Pénétré de la bonté, de l'utilité et en même temps de la grandeur de ce nouveau système, je m'adresse au ministre de Dieu sur la terre, dans l'espoir que Dieu, dans sa sagesse, aura jugé le moment venu pour donner au monde ce nouveau moyen de progrès ; car, dans tous les perfectionnements, dans toutes les découvertes dont l'humanité s'est enrichie, il faut reconnaître le doigt de Dieu, qui ne les a laissés se répandre sur la terre qu'au moment où les hommes en avaient besoin, et il est présumable que leurs auteurs n'ont été que les instruments dont Dieu s'est servi. Dans cette croyance, si le projet que je vous soumets n'est pas rendu universel, dans mon orgueil humain, je l'attribuerai moins à l'imperfection du système qu'à la volonté de Dieu de ne point encore vouloir en faire jouir l'humanité.

« Pour opérer cette transition, il faut une voix habituée à être entendue et comprise ; il serait digne du ministre de Dieu, d'où doit descendre la lumière, de faire de ce système une œuvre universelle.

« Le calcul par 8, tel qu'on le comprenait, n'est pas une idée nouvelle ; Charles XII, roi de Suède, l'a préconisé comme renfermant un cube et un carré ; mais alors on ne pensait pas au calcul décimal, et le calcul par 8 n'acquiert tout son mérite, toute sa perfection, que par les applications du système décimal sans ses inconvénients.

« Par un principe juste, on a cherché à faire coordonner les poids, mesures, monnaies avec les nombres, en les faisant diviser par dixièmes. C'est à peu près comme si l'on voulait que les hommes qui marchent droit marchassent comme les boiteux, pour que tout le monde marche l'un comme l'autre.

« Le calcul avec dix chiffres est un labyrinthe dont, au moyen de la plume et du travail, les gens instruits découvrent tous les détours. Le calcul avec huit chiffres est un parterre régulier dont les gens les moins instruits découvrent de suite toute la symétrie.

« On pourrait dire que le calcul par 8 n'est même pas le calcul par 8; c'est le calcul par 1, c'est le calcul de l'unité, c'est le calcul ramené à sa plus simple expression, car 8 c'est 2 fois 4, 4 c'est 2 fois 2, 2 c'est 2 fois 1.

« La question ne concerne pas seulement les nombres.

« Je concevrais que l'on fût arrêté par l'habitude où l'on est de compter par 10 si l'avantage de compter par 8 se bornait aux nombres seuls, mais l'avantage se trouve étendu aux poids, mesures, monnaies, et à tous les usages journaliers de la vie chez tous les peuples de la terre. Il faudra détruire ces usages si simples, ces habitudes si naturelles, tandis que vous pouvez donner aux nombres ces mêmes usages si simples et si naturels.

« L'usage à faire prévaloir de compter par 8 ne serait pas aussi difficile qu'on pourrait le croire au premier aperçu, parce que les noms des sept premiers nombres peuvent être conservés; il suffirait de donner des noms aux têtes des séries par 8, puis d'ajouter à ces noms les noms des sept premiers nombres; pour la multiplication il n'y aurait que 21 nombres à retenir, soit le plus haut, le produit de 7 fois 7.

« J'ai l'honneur, etc. » 15 mars 1842.

Explication des anciennes figures chinoises, le Ho-tou et le Lo-chou, telles qu'elles sont figurées dans l'astronomie chinoise du P. Gaubil, suivant l'Y-king.

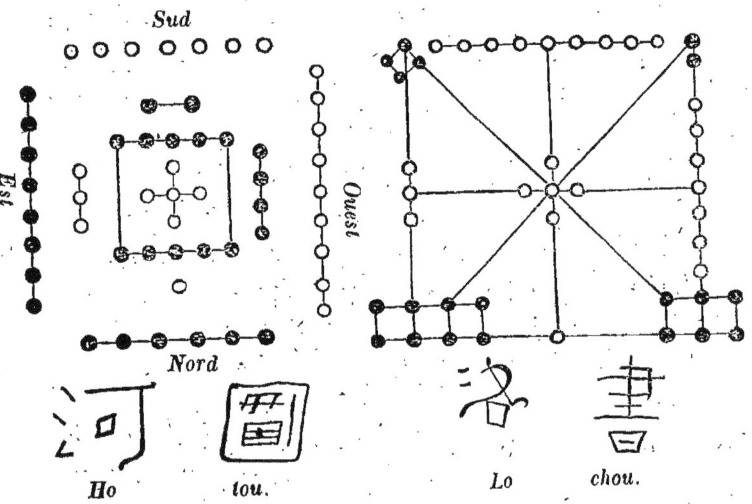

Ho tou. *Lo chou.*

Ces figures ne sont point, comme on le pense, des tables de 9 et de 10 nombres, telles que la tradition nous les a apportées par suite d'une fausse interprétation des nombres, mais bien des tables divisées en 8 et en 9 parties. Ces figures viennent par leur forme géométrique offrir elles-mêmes l'explication que je vais en donner, et, jointes au koua, elles forment un anneau de l'ancienne numération par 8.

Recherchant dans les divers écrits sur les Chinois ce qui pouvait venir à l'appui que les lignes chinoises sont un système de numération par 8, j'ai vu que les Chinois possèdent en outre deux tables qu'ils font plus anciennes que l'Y-king et qu'ils appellent Ho-tou et Lo-chou, que le Ho-tou finit par 10 et que le Lo-chou ne va que jusqu'à 9.

Je fus donc porté à croire que ces deux tables représentent aussi des nombres, et comme les Chinois disent que c'est sur l'idée du Ho-tou et du Lo-chou que Fou-hi a dressé sa table linéaire, les koua, il est naturel d'y trouver un motif que les lignes chinoises sont un système de numération.

Voici les extraits sur lesquels je m'appuie pour établir que les tables du Ho-tou et du Lo-chou sont divisées en 8 et en 9 nombres.

Description de la Chine, par DUHALDE, 2e *volume*.

Page 293. « Comme avant Fou-hi, on n'avait pas « connu l'usage des caractères, on ne se servait dans le « commerce et dans les affaires que de petites cordes à « nœuds coulants, dont chacune avait son idée et sa si- « gnification particulière. Elles sont représentées dans « deux tables que les Chinois appellent Ho-tou et Lo- « chou.

« Les premières colonies qui vinrent habiter le Se- « tchuen, n'avaient pour toute littérature que quelques « abaques arithmétiques, faits avec de petites cordes « nouées, à l'imitation des chapelets, à globules enfilés, « avec quoi ils calculaient et faisaient leur compte dans « le commerce. Ils les portaient sur eux, et elles ser- « vaient quelquefois à agrafer leurs habits; du reste, « n'ayant pas de caractères, ils ne savaient ni lire ni « écrire.

« Le roi Fou-hi fut donc le premier qui, par le moyen « de *ses lignes* (les koua), donna l'invention et l'idée de « cette espèce de caractères hiéroglyphiques particuliers « aux Chinois. Les deux anciennes tables de Ho-tou et de « Lo-chou, lui apprirent l'art des combinaisons, dont le « premier essai fut de dresser ses tables linéaires ; il ne « s'était astreint qu'aux règles que prescrit *l'art des* « *combinaisons arithmétiques*.

« C'est une tradition ancienne, constante et univer- « sellement reçue, que Fou-hi, par son ouvrage, a été « le premier père des sciences et du bon gouvernement, « et que c'est *sur l'idée* du Ho-tou et du Lo-chou qu'il a « dressé sa table linéaire. La tradition porte que deux

« *antiques* figures appelées Ho-tou et Lo-chou, d'où l'on « assure que l'Y-king est sorti, sont les paroles de l'es« prit du ciel adressées aux rois. »

Je cite tout ceci parce que ces deux figures représentant des nombres, ce doit être pour faire une meilleure combinaison des nombres, que les caractères de Fou-hi (les koua) ont été inventés.

Mémoires des Chinois, 1er volume.

Page 230. « C'est la tradition commune, confirmée par « le Li-ki, par le Tchou-li, etc., que dans le partage des « terres fait sous Chun et Yao (qui régnaient 2,300 ans « environ avant J.-C.), on donnait un carré de 900 *ar-« pents* de terres à 8 familles; elles en cultivaient chacune « 100 pour elles, et 100 en commun pour le gouverne« ment, qui en tirait tout le revenu. Ce partage des « terres, presque fraternel, indique évidemment des « connaissances sur l'arpentage, la géométrie et l'arith« métique.

« Quelques savants, parmi nous, ont cru que les « tables ou types Ho-tou et Lo-chou étaient des ta« bles de *réduction pour la division des terres*. Si cela « était, comme elles sont certainement de la plus haute « antiquité, *il serait bien glorieux pour les géomètres « d'Europe d'en trouver la théorie que nous avons « perdue.* »

Il ne faut pas être grand géomètre pour retrouver l'explication de ces tables de réductions. Ce n'est pas cependant la lecture de l'article ci-dessus qui m'a fait trouver cette explication. Je l'avais trouvée auparavant, toujours par suite de ma première idée, le calcul par 8. Quand j'ai connu, par la lecture de quelques auteurs anciens, que je devais changer par le nombre 8, ce qu'ils ont exprimé par le nombre 10, je me suis dit que les tables Ho-tou et Lo-chou, qui remontent à la plus haute antiquité, ne pouvaient pas être la représentation des nombres 9 et 10, mais bien la représentation des nombres 8 et 9. J'ai examiné ces tables de nouveau, je les avais vues plusieurs fois déjà sans rien y voir, comme tous ceux qui les ont vues antérieurement, et effectivement, il n'y a rien à y voir pour des yeux nés sous la numération par 10, mais avec les yeux du calcul par 8, on s'aperçoit tout de suite, qu'une des deux tables, celle nommée Lo-chou est *en huit compartiments égaux et semblables*, comme la figure 1 (1).

On a pu diviser cette table en huit portions égales et semblables, comme dans la figure 2. Ce sont des

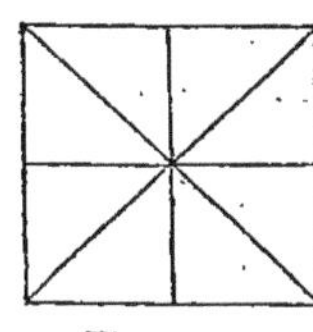

Figure 1.

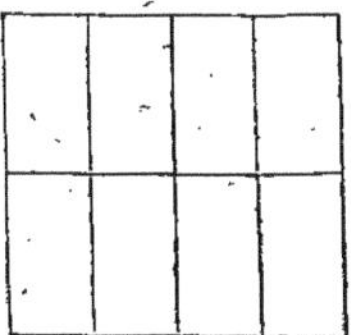

Figure 2.

pièces de terre dont la longueur est le double de la largeur.

Sur l'autre table nommée Ho-tou, qui est le même carré, on n'y voit pas de compartiment, mais il y existe *au milieu, une case carrée*, ce qui indique que ce carré est le carré du milieu de neuf portions égales. Ainsi, si l'on veut poser ce petit carré sur la première figure mentionnée ci-dessus, on aura cette figure divisée en neuf portions égales comme la figure 3. Les huit petits triangles formant le carré du milieu, sont les huits petites pièces de terre cultivées par chacune des huit familles pour le chef, et tenant à chacune des portions des huit familles.

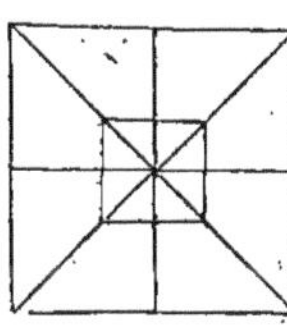

Figure 3.

En supprimant les lignes qui séparent ces huit pe-

(1) Il y a eu transposition dans les noms des figures; ce n'est point la figure le Ho-tou, donnée pour 10, qui représente huit parties, c'est le Lo-chou, donné ici pour 9, qui en représente 8, et celle donnée pour 10 en représente 9. C'est une erreur évidente qui ressort de l'inspection des figures. Ce ne sont point les dessins des tables qui se trouvent dans les Mémoires des Chinois qu'il convient d'examiner, mais les dessins des tables qui sont dans l'astronomie du Père Gaubil, suivant l'*Y-King*, le plus ancien ouvrage connu.

tits triangles, on a la figure 4, et le carré du milieu est équivalent en surface à chacune des huit autres portions.

On peut aussi former cette figure en neuf carrés

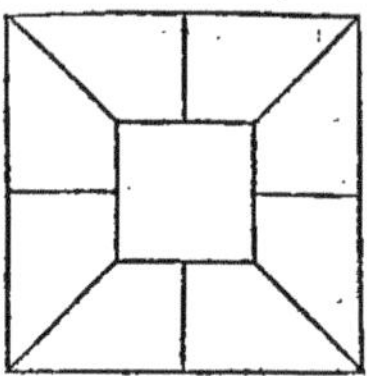

Figure 4.

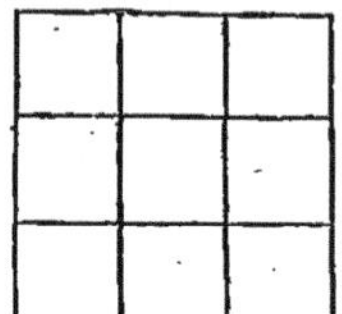

Figure 5.

égaux comme la figure 5. On ne peut même pas diviser une même pièce de terre en neuf et en dix parties régulières ayant une part au milieu.

Les 900 arpents de terre dont il est parlé, sont des cents de 64, soit 900 au calcul par 8. Chacun des petits carrés étant de 8 parties sur 8, cela fait 64 mesures carrées, ou un 100, total 900 arpents. Je dis 900 au calcul par 8, pour me faire mieux comprendre, car au calcul par 8, 900 c'est 800 plus un 100, et se posent comme 1100, ce sera prouvé plus loin.

Les nombres donnés, pour la plupart des faits rapportés, ne peuvent non-seulement exister par la numération par 10, mais ils ne peuvent exister que par une numération par 8; et comme ce n'est pas seulement par les chiffres qu'il faut estimer les faits, mais par les raisonnements qui les accompagnent, on verra que les raisonnements ne cadrent pas avec les chiffres de la numération par 10. Logiquement, on sera amené à reconnaître qu'il faut bien que la numération par 8 ait existé.

Ne connaissant pas les langues anciennes, je suis limité à citer quelques faits, mais lorsque l'on aura vu que l'on doit appliquer la numération par 8 à beaucoup d'anciens textes, les personnes instruites découvriront grand nombre de faits analogues à ceux que je vais signaler. Le raisonnement, joint à la preuve mathématique, achèvera d'éclaircir la partie historique des temps anciens, dont il est impossible de se rendre compte, par la difficulté de concilier les nombres.

Ce qui a amené la confusion, c'est que parmi les premiers traducteurs, les uns ont laissé subsister les nombres de la numération par 8, d'autres les ont changés en ceux du calcul par 10; enfin, d'autres ont mêlé les nombres de la numération par 8 avec ceux de la numération par 10. C'est de ces anomalies dans les nombres que je tire la preuve de l'existence ancienne de la numération par 8. Dans les nombres anciens, une huitaine s'appelait dix, deux huitaines vingt, trois huitaines trente, quatre huitaines quarante, cinq huitaines cinquante, six huitaines soixante, sept huitaines septante, huit huitaines cent, huit cent un mille, etc.

Mémoires des Chinois (2e volume).

Page 55. « Le Ho-tou et le Lo-chou, combinés ensemble, disent les Chinois, renferment les éléments de « tout ce qui est permis à l'homme de savoir. *Ils ne* « *forment qu'une seule et même figure*, sur laquelle on « voit alternativement les nombres *du ciel* et ceux *de la* « *terre*, c'est-à-dire les nombres naturels, impairs et « pairs, depuis l'unité jusqu'à la *dizaine* inclusivement; « les nombres impairs du ciel, les nombres pairs de la « terre.

« Comme le Ho-tou et le Lo-chou renferment en sub« stance tous les koua, et *qu'ils enseignent les mêmes* « *choses* sous des noms et *des arrangements différents*, « plusieurs auteurs ont prétendu que ces deux espèces « de figures mystérieuses furent connues de Fou-hi, à « qui le ciel les donna l'une et l'autre pour l'instruction « des hommes. Ces deux figures sont peut-être *les plus* « *anciens monuments qui existent sur la terre* dans leur « entier; car elles sont telles encore qu'elles étaient au « sortir des mains de leurs premiers auteurs. Je n'en « dis pas de même du triangle qui les réunit, il n'a été « imaginé qu'après coup. Vous pouvez jeter les yeux « sur le Ho-tou et sur le Lo-chou, *vous y verrez une dif-* « *férence dans la manière dont leurs parties sont combi-* « *nées*, et *dans l'arrangement de leurs nombres* pairs et « impairs. Le Ho-tou est composé de *dix parties*, et « Fou-hi prit la *dizaine* pour le *dernier terme* de ses « nombres. Le Lo-chou n'a que *neuf parties*, et le grand

« Yu termina ses nombres à 9. Il en prit occasion de « *partager* l'empire en 9 *provinces*, de fondre les 9 tsing « ou vases sur lesquels il fit graver les cartes de ces « mêmes provinces, de diviser ses instructions en neuf « articles que l'on appelle les neuf règles du grand pro- « totype. »

Il est mis ici : Le Ho-tou est composé de dix parties, et Fou-hi prit *la dizaine* pour le *dernier* terme de ses nombres. Mais dans les koua, on ne voit pas de dizaines, on voit 8 koua, on peut y voir 64 signes, c'est donc 8 *le dernier terme* des nombres de Fou-hi. Personne n'a pu y voir de dizaine, donc le mot dizaine est la suite d'une fausse interprétation, c'est la huitaine qu'il faut mettre pour rendre un sens à l'article (1). De ce qu'il n'y a que 8 signes de koua et de ce qu'il n'y a que 8 compartiments dans la table de Lo-chou, et non 10, on peut conclure que la table de Lo-chou et les koua sont la représentation du nombre 8, soit de l'ancienne numération par 8.

L'Y-King, notice par M. Visdelou.

Page 409. « Du fleuve Lo-chou il sortit une tortue « qui avait sur son écaille l'empreinte des 10 premiers « nombres combinés entre eux d'une certaine ma- « nière. »

Page 411. « Quant à ce qui regarde le premier prin- « cipe, voici ce que dit ce livre : Tai-Ky a engendré 2 « effigies, ces deux effigies ont engendré 4 images, ces « 4 images ont engendré les 8 trigrammes de Fou-hi. »

Le nombre 10 a été mis pour 8. Les 8 trigrammes de Fou-hi viennent à l'appui que c'est le nombre 8; c'est donc l'empreinte des 8 premiers nombres.

Lettres Édifiantes, tome 28.

(LETTRES DU PÈRE PARMENTIER.)

Page 66. « Je suis surpris d'entendre dire à M. Leib-

(1) Je suis obligé de dire la huitaine pour me faire comprendre, mais la huitaine pourrait s'appeler dizaine, comme 8 fois 8 s'appelaient cent.

« nitz, que l'arithmétique par 10 ne paraît pas fort an-
« cienne et *qu'elle a été ignorée des Grecs et des Ro-*
« *mains*. Rien cependant n'était plus facile à deviner ;
« comment a-t-il fallu attendre le secours des maures
« d'Espagne et celui du célèbre Gerbert, pour parvenir
« à cette rare connaissance.

« Mais enfin, poursuivra-t-on, *que signifient ces lignes*
« *inventées par Fou-hi,* si l'on n'y reconnaît pas d'arith-
« métique. Je réponds que je n'en sais rien, parce qu'il
« n'en a pas laissé d'explication, et qu'il n'en pouvait
« même pas laisser par écrit, puisqu'il n'avait que des
« lignes pour expliquer d'autres lignes. »

Page 69. « Fou-hi apporta à la Chine ce prétendu mo-
« nument (les koua) et s'en servait habituellement pour
« faire *son calendrier Kia-li*. J'avoue que l'histoire chi-
« noise n'en dit rien ; mais qu'importe, disons-le, nous
« qui en devons bien plus savoir que les Chinois, etc.

« Je n'ai point de sentiment fixé et je ne puis en avoir,
« à moins que quelque homme extraordinaire, un sage,
« un prophète, nous dévoile les mystères de l'Y-king
« (les koua), s'il y en a, et dissipe l'obscurité de ces
« premiers temps. »

On voit dans cet article que Leibnitz dit que l'arithmétique par 10 n'est pas fort ancienne, et qu'elle était *inconnue* des Grecs et des Romains ; c'est ce que je prouverai.

On n'a pas reconnu d'arithmétique dans les koua de Fou-hi parce que l'on n'a pas pensé au calcul par 8, et si j'ai reconnu de l'arithmétique dans les koua de Fou-hi, c'est qu'auparavant j'avais été frappé de la beauté d'un calcul par 8.

Le *Chou-King*, page 334 :

Après avoir dit que 8 familles labouraient neuf cents arpents de terre, on met que 100 familles se réunissaient dans un canton et que cela s'appelait *un fang*.

100 n'est pas composé d'un certain nombre de parties de 8 familles, 900 arpents ne se divisent pas par des portions de 8. Mais les 100 familles sont un cent de 64 et les 900 arpents sont également des cents de 64, qui donnent alors 72 portions pour 8 familles. Rétablissant

les chiffres au calcul par 8, 900 arpents c'est 9 fois 64 ou 576 arpents pour 64 familles, soit 9 arpents pour une famille qui donnait le produit d'un arpent au chef du gouvernement. C'est la représentation des figures chinoises, le Ho-tou et le Lo-chou, divisées en 8 et en 9 compartiments.

100 et 900 sont exprimés au calcul par 8, c'est-à-dire des 100 de 64, donc alors c'était le calcul par 8 qui était en usage. Ce point ne peut-être douteux.

J'ai retrouvé les figures Ho-tou et Lo-chou, ainsi que des traces de la numération par 8, chez les Egyptiens, les Hébreux, les Grecs, les Romains, en France même, et chez tous les anciens peuples dont il reste des annales.

1er vol. des *Mémoires des Chinois*, l'Y-King.

Page 42 : « Les koua de Fou-hi (ce sont 60 combi-« naisons de six lignes parallèles et horizontales, dont « trois sont entières et trois brisées), sont le sujet ou « thême de l'Y-king. »

Pourquoi est-il mis 60 ? serait-ce encore une fausse interprétation du nombre ancien 48, soit 60, système par 8, égalant 48. Il y a 8 koua composés de 6 lignes chacun, cela fait donc 48 lignes parallèles et horizontales et non 60. Sont-ce les missionnaires qui ont mal traduit, ou sont-ce les Chinois eux-mêmes qui ont perdu le sens de leurs premiers livres, car cet article est donné comme tiré de l'Y-king, le plus ancien livre connu.

On lit au chapitre XI du Chou-king : « Fou-hi est l'au-« teur de la période de 60. »

Il n'y a rien qui indique 60 dans les koua de Fou-hi, si ce sont les 8 fois 6 lignes qu'on a voulu désigner, ce serait 48, chaque koua de 6 lignes étant en deux parties séparées de trois lignes chacune; on pourrait aussi y voir une subdivision de 48 en deux fois 24 parties. Si on avait mis 64 c'eût été exact, puisque les 8 koua arrangés diversement forment 64 combinaisons; mais ici le nombre 60 m'a paru être mis pour 6 fois 8 ou 48.

On peut remarquer que les 64 figures des koua, multipliées par 6, le nombre des lignes de chaque figure, font 384, nombre égal à 48 périodes de 8 jours, la grande année ancienne, année égale par concordance fortuite à l'anné intercalaire de 13 lunaisons et formant 600 *jours*, système par 8.

Ainsi, les koua sont non-seulement un symbole de numération par 8, 8 fois 8 faisant 64, mais ils paraissent encore indiquer une combinaison de 6 fois 8, 48; et 3 fois 8, 24. Puis le signe ☰, composé de 3 lignes égales, semblables et parallèles, forment le chiffre *un*; donc ces trois lignes égales, semblables et parallèles ne forment qu'*un*.

2me volume, page 190 : « *Le sixième hexagramme* « des koua est *pi* qui signifie règles, mesures, etc. »

Comme la base pour les mesures, poids, etc., est le nombre 6 fois 8, on a dû choisir *le sixième hexagramme* pour désigner cette base.

« *Le huitième hexagramme* est *ti*, ti signifie la terre « en général. »

Comme le nombre 8 est le type de la numération par 8, pour l'usage général, on a dû prendre ce signe pour désigner le nombre employé sur la terre en général.

Ces citations rendent raison des nombres du ciel et de la terre, soit 6 le nombre du cercle du ciel, et 8 le nombre de la terre. Elles sont bien remarquables à l'appui de mes bases des nombres 8 fois 8, pour la manière vulgaire de compter; et 6 fois 8, pour les choses de science. Cette subdivision pour les objets de science sera établie plus avant.

9me vol. des *Mémoires sur les Chinois.*

Essai sur les caractères (lettres) *des Chinois.*

Page 286 : « Le texte le plus remarquable concernant « le temps où l'écriture a commencé est celui du com- « mentaire de *Confucius* sur l'origine des koua de l'Y- « king : les koua étaient *suspendus* et *exposés* pour inti- « mer les ordres au peuple et le gouverner, il est plus « que probable qu'ils ne faisaient qu'indiquer *un texte*, « une loi, *une coutume connue.* »

C'était pour indiquer à tous la manière de représenter les nombres.

Tchang-tchi dit en termes formels : « les koua étaient « des instruments de police et de gouvernement, qui « correspondaient à des images dont ils étaient les « *signes abrégés.* »

Ce sont les signes abrégés des nombres.

Page 289 : « Rien de plus fameux dans l'antiquité « que les livres de Fou-hi et de Chin-nong, qu'on appe- « lait par excellence Ta-tao, la *grande doctrine*. Toute la « Chine sait qu'ils ont existé, etc. »

La grande doctrine, c'est l'art de compter.

Fréret, tome 6, page 288. *Sur la langue des Chinois.*

« Les Chinois la nomment *kouane*, c'est-à-dire com- « mune, générale, parce que c'est celle des honnêtes « gens. Dans toutes les villes et dans toutes les provinces « de ce grand empire, dans les provinces du nord par- « ticulièrement, on ne connaît pas d'autre langue que la « kouane. »

Les koua sont un monument de l'ancienne numération, qui a survécu ; ils sont même le prélude de la combinaison actuelle des nombres. Le signe du dessus dans les koua acquiert une valeur plus grande que le même signe placé au-dessous. C'est ce même principe qui doit avoir fait naître celui de la numération par 10 dont le chiffre de gauche acquiert une valeur dix fois plus grande que le même chiffre placé à sa droite. Ainsi c'est l'application du principe des koua qui a été suivie pour la numération actuelle par 10. L'origine inconnue de ce principe si beau et si simple remonte donc aux lignes brisées des Chinois, dites koua.

13me volume des *Mémoires sur les Chinois*, page 247.

« Chao-hao, successeur de Hoang-ti, 2514 ans avant « J.-C. Il y a dans sa sépulture une statue de pierre, *les* « *8 koua gravés* sur la pierre et une espèce d'autel aussi « en pierre. »

Ceci à l'appui d'une ancienne numération par 8.

9me volume, page 316 : « L'image d'eau avec celle de « bouche et *le symbole* 8 signifient inondation générale.

« L'image bouche, celle de barque et *le symbole* 8, signi-
« fient navigation heureuse. »

Ceci fait-il allusion aux huit personnes de l'arche de Noé?

« Le symbole 8 avec les images bouche, homme, ali-
« ments, signifie sacrifice ancien, dont on ne sait rien.

« Le symbole 2 et, dans la variante, celui de 8, avec
« l'image de descendant, signifie postérité. »

Ceci doit exprimer que 8 en descendant produit 2.

« Le symbole 8 mis dans l'image de bouche, c'est
« choisir, se diviser. Le glossaire ajoute : qui écoute la
« voix du sang, n'est pas difficile à écouter celle de la
« raison. Une image de fils, enfin, au milieu *du symbole*
« 8, signifie *tirer son origine.* »

Ainsi, pour les nombres, celui 8 est celui *qui engendre tout* et celui dont *on tire son origine.*

Ce nombre 8, choisi comme symbole pour représenter plusieurs objets, indique aussi que c'était un type de numération.

2me volume, page 165 : « Les étoiles en général sont
« ce que les Chinois appellent la troisième clarté. Sous
« cette troisième clarté, ils comprennent ce qu'ils ap-
« pellent pe-teou ou *boisseau* céleste du nord. »

Le mot *pé* veut dire 100, mais comme il est mis ou *boisseau* céleste, et que le boisseau était une mesure qui en contenait 64, ceci est à l'appui que le mot cent est un 100 de 64.

A l'appui que les koua sont des chiffres dont le signe supérieur représente les huitaines, et l'inférieur les unités, je dirai qu'en Egypte, sur les monuments les plus anciens, les nombres sont tracés de cette manière.

Voici une copie tirée du grand Ouvrage par la commission d'Egypte.

Page 64 : « Je vais rappeler plusieurs exemples de
« nombres assez considérables que nous avons copiés
« sur le monument de Carnak. On y reconnaîtra la même
« disposition, la même marche que j'ai décrite. Toujours
« les nombres sont écrits de droite à gauche et *de haut*
« *en bas,* d'abord les mille, ensuite les cents, puis les di-
« zaines, enfin les unités. C'est cette disposition con-

« stante qui nous a conduit à conjecturer *la valeur du* « *signe* que je regarde comme celui de la centaine. »

Je pense que ces signes mieux étudiés feraient découvrir une numération par 8.

12me volume des *Mémoires sur les Chinois. Culte des Ta-tcha.*

Page 384 : « Les Ta-tcha ou simplement les Tcha, « sont les esprits qui peuvent être utiles ou nuisibles « *aux biens de la terre :* ils sont *au nombre de* 8. Le culte « qu'on leur rendait était *de très-ancienne date*, et il est « consacré dans un des livres sacrés de la nation, je veux « dire dans le *Che-king* rédigé par Confucius lui-même : « Pour honorer les huit Tcha, on se servait d'une espèce « de tambour dont l'invention est due *aux premiers* « *habitants* de la Chine. »

L'*Univers*, Chine. Page 180.

« Des cérémonies en l'honneur des esprits qui pré- « sident aux biens de la terre, au nombre de 8, avaient « lieu 2 fois par an, à l'équinoxe du printemps et à celui « de l'automne. »

8 dieux présidant aux biens de la terre indiquent une année de 8 mois, c'est un dieu présidant chaque mois.

Page 198 : « Dans ces temps anciens, 800 familles « étaient obligées de fournir un char de 16 chevaux. »

Fréret, *Chronologie*, tome 9, page 258.

« Les prêtres égyptiens avec lesquels Hérodote s'en- « tretint, convenaient que, suivant leur histoire mytho- « logique, le règne des hommes sur l'Egypte avait été « précédé par celui des dieux ; les premiers et les plus « anciens au nombre de 8 à la tête desquels ils mettaient « *Pan.* Hercule était un des douze dieux de la seconde « classe qui *avait suivi* la première. »

Les 8 dieux étaient la même chose que les 8 esprits de la Chine. C'était pour les 8 mois de l'année ; lorsque l'on a formé l'année de 12 mois, on a dû former 12 dieux.

Des Mémoires sur les Chinois.

Duhalde, 3me volume, page 40 :

« Tout est plein, en Chine, de tireurs d'horoscopes.

« Ce sont la plupart des aveugles, qui jouent d'une es-« pèce de petit tuorbe et qui vont de porte en porte « s'offrir à dire la bonne aventure pour deux ou trois « doubles. Il est étonnant d'entendre ce qu'ils débitent « sur *les 8 lettres qui composent l'an, le mois, le jour et* « *l'heure* de la naissance d'un chacun, et qu'on appelle « pour cette raison pa-tsée (pa veux dire 8). »

Page 141 : « Dans ce choix on ne regardait pas comme « un point capital d'examiner les 8 *lettres* de bonheur « (coutume superstitieuse de ceux qui disaient la bonne « aventure), pour en conclure l'heureux ou malheu-« reux sort des personnes prêtes à s'unir par le lien « conjugal. »

C'est dans les coutumes superstitieuses qu'il faut re-chercher principalement les anciens usages, parce que les coutumes superstitieuses se transmettent de généra-tions en générations et le nombre 8 indique une numé-ration par 8.

Il se trouve dans cette citation une phrase bien re-marquable qu'il ne faut pas laisser inaperçue : *sur les 8 lettres qui composent l'an, le mois, le jour et l'heure de la naissance d'un chacun.* Ceci indique qu'autrefois, l'*an*, le *mois*, le *jour*, l'*heure* étaient divisés en 8 parties, et les 8 lettres sont les 8 chiffres primitifs désignant l'ordre de ces parties 1 à 8.

Page 90 : « Les soldats tartares sont tous compris « sous 8 bannières de différentes couleurs. »

Les 8 différentes couleurs sont sans doute les 8 couleurs qui servaient chez certains peuples à nombrer.

Page 92 : « Un des 8 généraux perpétuels qui com-« mandent la milice tartare. »

« Les Chinois ont inventé 8 sortes d'instruments. »

13me volume des Mémoires sur les Chinois.

Page 98 : « Ils (les anciens) divisaient le degré en « 10,000 parties, et ils disaient que, par an, les fixes « parcouraient dans le ciel 128 de ces parties. »

Il est remarquable que sur 10,000 parties formant un degré (soit 3,600,000 parties pour la circonférence), on en fait parcourir en un an aux étoiles 128, 2 fois 64 ; ce nombre correspond *précisément* à 200, système par 8, et il paraîtrait alors que les 10,000 parties seraient un ancien nombre exprimé au calcul par 8, soit 64 fois 64, ou 100 fois 100 formant 10,000. 128 en serait la 32me partie, ce nombre 128 n'est même pas compris un certain nombre de fois dans le degré de 10,000 parties, système par 10.

Astronomie ancienne de Bailly, 1er volume.

Page 482 : « Il faut reléguer au rang des fables ce « que raconte Scaliger d'un ancien Chrisipe totalement « inconnu, qui compta les étoiles avant Hipparque, et « qui en trouva 1058 : Scaliger ne cite aucune autorité. « Remarquons que Pline dit que les *anciens* comptaient « 1600 étoiles dans les 72 *constellations* qui partageaient « le ciel. Ce nombre beaucoup plus grand que celui des « étoiles de l'almagiste, est *fort singulier ;* nous ne pou- « vons rien statuer de positif à cet égard. Peut-être « était-ce une *ancienne tradition* de quelque dénombre- « ment des étoiles fait *dans les temps reculés* et sous un « ciel assez beau pour en distinguer un plns grand « nombre. Hipparque, déterminant tout par des obser- « vations, ne tenait aucun compte des traditions. Peut- « être aussi, Pline n'a-t-il parlé dans cet endroit que « par estimation. Il savait qu'Hipparque, à Alexandrie, « ne pouvant voir le ciel entier, il en a supposé davan- « tage pour y renfermer la partie du ciel qui n'était pas « connue; mais il faut avouer que la différence de 1022 « à 1600 est bien considérable. »

Si les 1600 étoiles anciennes sont système par 8, c'est le même nombre à 2 près, 16 cents de 64 font 1024.

Page 556 : « Les 1028 étoiles sont partagées en 16 de « la première grandeur. »

Page 573 : « Dans le planisphère d'Hipparque dont « nous avons parlé, si l'on s'en rapporte à un passage « de l'épître de Sinésius, on s'était contenté de marquer « les 16 étoiles de la première grandeur qui servaient à « connaître l'heure la nuit. »

Ce nombre 1028 est sans doute mis pour 1024 ; 28 est mis pour 16 plus 8. 16 fois 64 font 1024 ou 2000 système par 8, soit 16 *cents de* 64. Au lieu de 16 étoiles de première grandeur, c'est sans doute 16 étoiles assez grandes, espacées convenablement pour faire connaître l'heure la nuit. Ce nombre 1600 pour désigner 1024 étoiles établit bien que l'on comptait par 8.

Confucius a cherché à expliquer les koua, le P. Gaubil, savant missionnaire, rapporte quelques nombres de Confucius comme inintelligibles, je vais les transcrire et indiquer quelques rapports.

Traité de l'astronomie chinoise, par le P. Gaubil, tome 3.

« Une des divisions des koua est 8, et ces houa s'appellent les 8 kona, pa koua (pa veut dire 8). Celui que « Fou-hi exprime par cette figure ☰ est exprimé par « Van-Vang par le caractère kien ou tsien, le ciel; « celui que Fou-hi exprime par la figure ☷ « est exprimé par koen ou ti, la terre. Sur ces deux ca- « ractères, voici ce que dit *Confucius :*

« 216 est le nombre qui *répond* à kien, et le nombre « 144 *répond* à koen, en tout 360, et c'est le nombre des « jours des ti; 11520 est le nombre *qui exprime toutes « choses.* »

Une particularité singulière c'est que Confucius dit : 216 est le nombre qui *répond* à kien et 144 répond à koen. Je pourrai traduire : le nombre 216, système par 8, répond au nombre 144, système par 10. Car 200, système par 8, c'est 2 fois 64 ou 128, en y ajoutant 16, cela forme le nombre 144.

Ce serait ainsi 2 fois 144 ou 288, et comme Confucius ajoute que c'est le nombre des jours des ti, soit d'une année, ce nombre 288 formerait précisément une année de 12 mois de 24 jours, telle qu'elle devait exister alors en Chine, telle qu'elle a existé en Egypte et chez les Hébreux, l'année de 360 jours dont il est fait mention n'a jamais été en usage en Chine, suivant le dire du P. Gaubil lui-même.

L'article suivant va être le prélude de l'explication du nombre 11520 de Confucius.

Mémoires de l'Académie, année 1743, tome 15.

Histoire critique de l'écriture chinoise, par Fréret.

Page 514, etc. : « Il est mis que les caractères se mon- « taient d'abord à 64, soit les 64 koua ; que plus tard,

« sous Hoang-ti (2637 ans avant l'ère chrétienne), « Tsang-kié porta le nombre des caractères à 540, que « le nombre des caractères continua d'augmenter, mais « que, sous l'empereur Chi-Hoang-ti, on choisit 540 ca- « ractères fondamentaux qu'on supposa semblables aux « 540 caractères primitifs; et ce fut de là qu'on partit « pour l'exécution du Dictionnaire dont les caractères se « trouvèrent monter en tout à 9353 y compris les 540 « fondamentaux. »

Ces nombres sont au calcul par 8. J'ai cherché d'abord quel était ce nombre fondamental de 540, en le réduisant au calcul par 8, 5 cents de 64 plus 4 fois 8, j'amène 352, soit le nombre dépassant les 9000 à un près. Le nombre total 9352 doit donc être décomposé en 352 le nombre fondamental, et en 9000 le nombre des caractères ajoutés.

Les premiers interprètes auront réduit le nombre ancien 540, calcul par 8, en nombre au calcul par 10 et en ont fait 352.

Ces deux nombres 9000 et 540 m'ont mis sur la voie pour expliquer le nombre de Confucius de 11520 qui *exprime toutes choses.*

Le nombre 9000 ne peut s'exprimer ainsi par la numération par 8, puisqu'il n'y a que 8 chiffres, 9000 c'est 8000 plus un mille qu'il faut exprimer au calcul par 8 par 11000; en y ajoutant les 540, cela fait 11540: ce n'est pas tout à fait le même nombre que 11520 de Confucius, mais il est probable que ce nombre a été altéré. Car enfin, Confucius dit que 11520 *exprime toutes choses*. On voit qu'on a fait un Dictionnaire de 11540 caractères *pour exprimer toutes choses*, ce sont donc bien les mêmes nombres, c'est pour remplir le même objet, exprimer toutes choses. Avec 11540 caractères, nombre au système par 8, on exprime toutes choses; le nombre 11540 est bien le même que celui 9352. Il me semble que cette explication ne peut être contestée. Je rapporterai d'ailleurs encore bien d'autres exemples semblables.

Mémoires de l'Académie, année 1740, tome 12, page 229.

« A l'occasion d'un article intitulé *Application et cor-*
« *rection de deux passages de Festus*, on discute la valeur
« du talent, et à cette occasion on met qu'Hérodote nous
« a laissé *un état exact* des tributs que les différentes
« provinces de l'empire des Perses payaient depuis le
« règne de Darius, en exécution des ordres de ce prince.
« Il dit que tout l'empire était partagé en 19 départe-
« ments qui payaient, chacun à proportion de leur éten-
« due et de leurs richesses, différentes sommes de talents
« d'argent de Babylone, qui faisaient une somme totale
« de 7740 talents. »

Ici se trouve un renvoi au bas de la page dont voici copie :

« Le	1er	départemement	payait. . . .	400 talents;
« le	2e	»	»	500
« le	3e	»	»	360
« le	4e	»	»	500
« le	5e	»	»	350
« le	6e	»	»	700
« le	7e	»	»	170
« le	8e	»	»	300
« le	9e	»	»	1,000
« le	10e	»	»	450
« le	11e	»	»	200
« le	12e	»	»	360
« le	13e	»	»	400
« le	14e	»	»	600
« le	15e	»	»	250
« le	16e	»	»	300
« le	17e	»	»	400
« le	18e	»	»	200
« le	19e	»	»	300
			Total. . . .	7,740

Il est mis ensuite qu'Hérodote, voulant donner aux Grecs une idée juste et précise des richesses du roi de Perse, après avoir rapporté tous les sommes particulières de talents de Babylone, les réduisit en une somme totale de talents euboïques, et cette somme est de 9540 talents.

Le commentateur d'Hérodote, voyant les sommes partielles former 7740 et le total annoncé pour 9540, a cru trouver une très-bonne raison à cette différence en supposant que les sommes partielles étaient exprimées en une valeur de talents autre que celle de la valeur du talent exprimant la somme totale; il indique une proportion, mais cette proportion n'est pas même juste; elle n'amène pas le nombre 9540; il n'y a aucune proportion régulière. La supposition ne peut donc pas être admise. Je citerai plusieurs exemples des nombres d'Hérodote, qui, à l'addition, donnent un nombre sensiblement plus élevé que les nombres partiels. Ici la clef est bien facile à trouver.

Les nombres 7740, c'est 77 cents plus 40; au calcul par 8 il faut 8 cents pour un mille, 77 cents, c'est 9 fois 8 cents (formant 72 cents), plus 500, soit 9 mille 5 cents. En ajoutant les 40 restants, j'ai 9 mille 5 cent 40, soit 9540, nombre indiqué au total d'Hérodote.

Une remarque très-importante à faire sur ces nombres partiels, c'est qu'il ne s'y trouve pas non-seulement de 9 ni même de 8, et par la numération par 8 il n'y a point de 9 ni de 8, puisque 8 se pose comme 10.

Généalogie de Confucius.

Il est remarquable que les ancêtres connus de Confucius sont au nombre de 64 ou le 100 ancien. Il semble qu'on ait voulu faire remonter sa généologie de cent générations, système par 8.

Je vais transcrire une citation bien remarquable à l'appui que dans les temps anciens la numération par 8 était en usage.

Traduction de Strabon, 4e volume :

« Télémaque (en parlant des prétendants de Péné-
« lope) dit qu'il y en avait de Dulichium 52 et de Samé
« 24. Télémaque ne se trouverait-il pas dire que de
« l'île entière était venu tel nombre de poursuivants,
« mais qu'en même temps de l'une de ces cités était
« venue la moitié de ce nombre, à *deux près* (1). »

(1) La moitié de ce nombre à deux près; *le texte imprimé* porte *à un*

Le texte disant *à un près,* on ne peut pas confondre un avec deux; donc le texte, à un près, est bien le bon texte. Il faut seulement rétablir les nombres au calcul par 8. 52 c'est 5 fois 8 plus 2, soit 42; 24 c'est 2 fois 8 plus 4, soit 20. En prenant moitié de 42, j'ai 21, soit donc une moitié différant de 20 *à un près,* soit donc conforme au texte, suivant la numération par 8.

Jeu de l'Oie.

En examinant les règles du jeu de l'Oie, je me suis aperçu que ces règles et les nombres cités pour exemple à ces règles ne pouvaient pas se concilier ensemble, soit avec le sens des articles et avec les figures de ce jeu. J'ai donc cherché à leur donner un sens, *toujours* par le calcul par 8, et j'ai amené un résultat entièrement favorable.

Voici copie des règles de ce jeu.

« Le grand jeu de l'Oie, *renouvelé des Grecs;*

« Jeu plaisant et très-récréatif;

« Histoire et règle du jeu.

« Ce jeu de tableau est *fort ancien.* Il a fourni l'idée « de tous les jeux analogues; on y joue depuis quatre « personnes jusqu'à douze ou quinze.

« On tire au sort à qui jouera le premier, puis on « prend un cornet dans lequel on met deux dés. Les « dés sont des cubes solides marqués de points depuis « un jusqu'à six. L'étymologie du mot dé, appelé *dadus* « en basse latinité, vient vraisemblablement de *a digitis,* « parce que les dés se jouent avec les doigts. L'origine « en remonte *à la plus haute antiquité,* s'il est vrai que « les Grecs, comme on l'a prétendu, les aient inventés « ainsi que le jeu des échecs, pour se désennuyer pendant « le siége de Troyes. Sophocle, Pausanias et Suidas en « attribuent l'invention à Palamède, tandis qu'Héro- « dote la rapporte aux Lydiens. Les dés antiques étaient,

près, παρ' ενά. J'ai lu avec M. Tzschucke, qui se fonde, etc., παρὰ δυό : « Le nombre des poursuivants venant de Dulichium était de 52, ce- « lui des poursuivants venu de Samé était de 24. » Or, 24 est, *à deux près,* a moitié de 52, car cette moitié serait de 26.

« comme le sont les nôtres, de petits cubes solides, « ayant six faces marquées de points, depuis l'as, ou « un, jusqu'à six. Leur usage fut introduit en France « sous Philippe-Auguste, vers 1200, et c'est à cette épo- « que, à peu près, qu'il faut placer l'invention du jeu « d'Oie. Comme nous le disons plus haut, l'on y joue « avec deux dés agités dans un cornet, et qu'on lance « au milieu du jeu; puis, prenant une marque particu- « lière, que doit avoir chaque joueur, on va marquer « le numéro qui correspond sur une des cases au nu- « méro sorti du cornet. Chacun met auparavant un en- « jeu convenu.

« Ce jeu porte 63 cases disposées circulairement; de « 9 cases en 9 cases se trouve la figure d'une oie, de « laquelle on compte le même point (1). Ainsi, lorsque « le numéro 4 vous conduit à la case 10, vous allez à « 14; mais comme cette case présente *encore* une oie, « on va à la case 18; comme celle-ci présente encore « une oie, on pousse jusqu'à la case 24. *On voit* que, « s'il n'y avait pas d'exception à cette règle, d'oie en « oie on irait du premier coup au jardin de l'oie (case « 63), qui est la case qui fait gagner; mais il y a des « exceptions. La première, c'est lorsqu'on fait 9 par 5 « et 4; on va sur la case 53, qui représente deux dés, dont « l'un marque 5 et l'autre 4; la seconde, c'est que, si « l'on fait 9 par 6 et 3, on va à la case 26, où sont éga- « lement tracés deux dés, portant l'un 6 et l'autre 3.

« La case du jardin de l'oie, si on y arrive justement, « fait gagner la partie. »

Le jeu même est à la fin du volume.

Sur un autre jeu, imprimé à Metz, il est mis :

« Celui qui arrivera justement *à la porte* du jardin « de l'oie, qui est le nombre 63, gagnera le jeu de « tous. »

Je commence par dire que mon but est d'établir que ce jeu était de 64 cases, et non de 63, et que les oies étaient espacées de 8 en 8 et même de 4 en 4 cases.

(1) Sur le jeu, il y a des oies aux numéros 5, 9, 14, 18, 23, 27, 32, 36, 41, 45, 50, 54, 59 et 63; donc les oies n'y sont pas espacées de 9 en 9 cases.

Sur le jeu il y a une oie au numéro 5, et une au numéro 9; puis, à partir de ces numéros 5 et 9, il se trouve une oie de 9 en 9 cases, ce qui met les oies alternativement à 4 et 5 nombres de distance l'un de l'autre.

Il est mis :

« Lorsque le numéro 4 vous conduit à la case 10, « vous allez à 14; mais, comme cette case présente *en-« core* une oie, on va à la case 18. »

Pourquoi est-il mis : lorsque le numéro 4 vous conduit à la case 10? C'est parce qu'au numéro 4 il devrait y avoir une oie; mais le numéro 4, en se doublant, conduit à la case 8, et l'on envoie à la case 10 : c'est parce que le chiffre 10 est mis pour celui 8; puis, de la case 10 on envoie à la case 14; pour aller de 10 à 14, il faudrait qu'il y eût une oie au numéro 10 et il n'y en a pas. Il est mis : Comme la case 14 présente *encore* une oie, on pousse jusqu'à la case 18, ce qui établit bien qu'il devrait y avoir des oies aux numéros nommés, précédant le numéro 14. Ainsi, de 4 à 10 il y a 6 nombres de distance, de 10 à 14, 4 nombres; de 14 à 18, 4 nombres; de 18 à 24, de nouveau 6 nombres; ainsi de 4 on va en deux temps inégaux à 14, 10 nombres de différence; de 14 on va en deux-temps inégaux à 24, encore 10 nombres de différence; c'est parce qu'on a changé les séries anciennes de 8 en séries de 10. Le premier nombre 4 n'a pas été changé, mais on a mis l'oie sur le numéro 5 au lieu de la mettre sur le numéro 4. Mais si on change ces nombres en ceux du calcul par 8, tout devient clair et intelligible : du numéro 4 on va à 8 (et non à 10), de 8 à 12, soit 8 plus 4 (et non 14), de 12 à 16, soit 8 plus 8 (et non 18), de 16 à 20, soit 2 fois 8 plus 4 (et non 24), et l'on aura les nombres 4, 8, 12, 16, 20, 24, soit donc de 4 en 4 cases.

Je continue; il est mis :

« On voit que, s'il n'y avait pas d'exception à cette « règle, d'oie en oie on irait du *premier coup* au jar-« din de l'oie (case 63), qui est la case qui fait ga-« gner. »

Cela veut donc dire que, lorsqu'on fait 4, où il doit y avoir une oie, on irait du premier coup, d'oie en oie, au jardin de l'oie, qui fait gagner; mais en allant de 4 en 4, on arriverait au numéro 64, qui est l'ancien numéro 100, et non à la case 63; la case 63, c'est la porte du jardin de l'oie, et non le jardin de l'oie.

On ne peut pas objecter que l'on va au jardin de l'oie de 9 en 9 cases, car il est bien mis que des numéros 4, 10, 14, 18, 24, on irait du premier coup au jardin de l'oie.

Il y a donc exception quand on fait 4, puisque du premier coup on irait au jardin de l'oie. Il y a cependant une lacune dans les règles du jeu, car l'on n'indique pas où l'on va quand l'on fait 4.

Il est mis : *on voit*, mais on ne voit rien ; il n'y a pas même d'oie à la case 24 ; pour voir il faut absolument changer les nombres en ceux du calcul par 8.

Il est ajouté : « *Mais* il y a des exceptions. »

Cela veut dire qu'on ne peut pas gagner par le premier coup que l'on vient de décrire, et qui ferait gagner s'il n'y avait pas d'exception, ni par les coups que l'on va citer, pour lesquels on indique les exceptions à la règle établie de répéter le nombre tant qu'il rencontre une oie en se répétant.

« La première exception, c'est lorsqu'on fait 9 par 5
« et 4; on va sur la case 53, qui représente deux dés,
« dont l'un marque 5 et l'autre 4. »

Pourquoi, si l'on fait 5 et 4, va-t-on à la case 53 et non à la case 54, d'autant plus que les deux dés, 5 et 4, sont représentés dans la case?

Continuation :

« La seconde exception, c'est que, si l'on fait 9 par 6
« et 3, on va à la case 26, où sont *également* tracés deux
« dés, l'un 6 et l'autre 3. »

Je ferai encore la même question. Pourquoi, puisque les deux dés marquent 6 et 3, soit 3 et 6, ne va-t-on pas à la case 36? On ne peut pas aller aux cases 54 et 36 puisqu'il s'y trouve des oies, mais les deux nombres 53 et 26 indiquent bien que c'est 5 et 3 et 6 et 2, et non 5 et 4 et 6 et 3. Ces deux nombres jouent ici un grand rôle, car 5 et 3 c'est 8, et 6 et 2 c'est encore 8.

Au lieu de dire que l'on peut amener 9 de deux manières, je dis que l'on peut amener 8 de deux manières, par 5 et 3 et par 2 et 6, ce qui me forme précisément les deux nombres 53 et 26 auxquels le jeu renvoie ; et ces deux cases ont *ainsi* les deux dés marqués des numéros de leur case comme cela doit être.

Continuation :

« Celui qui arrivera justement *à la porte* du jardin de « l'oie, qui est le nombre 63, gagnera le jeu de tous. »

Pourquoi est-il mis : à la porte du jardin de l'oie? Il semble que cela indique que 63 n'est pas le jardin de l'oie, mais la porte du jardin de l'oie; et alors 64 devient le jardin de l'oie. Sur le jeu, le jardin de l'oie n'est pas une petite case comme les autres, mais une case plus grande ; le jardin de l'oie doit occuper tout le rond du milieu, et le jeu peut avoir été établi en 63 cases, plus le jardin de l'oie au milieu, formant la 64me case. Mais comme on a supposé que de 9 en 9 cases se trouve une oie qui mène au jardin de l'oie, il a bien fallu arrêter à la 63me case pour former le jardin de l'oie.

Je vais refaire la règle du jeu que j'ai transcrite au commencement, en rétablissant les nombres suivant la numération par 8.

Ce jeu porte 64 cases disposées circulairement. De 8 en 8 cases se trouve la figure d'une oie, de laquelle on compte le même point. Ainsi, lorsque le numéro 4 vous conduit à la case 8 (et non 10), vous allez à 12 (et non 14); mais, comme cette case présente encore une oie, on va à la case 16 (et non à 18); comme celle-ci porte encore une oie, on pousse jusqu'à 20 (et non 24). *On voit* (maintenant on peut dire, on voit) que, s'il n'y avait pas d'exception à cette règle, d'oie en oie on irait *du premier coup* au jardin de l'oie (case 64), qui est la case qui fait gagner; mais il y a des exceptions. La première, c'est lorsque l'on fait 8 par 5 et 3 (et non 9 par 5 et 4); on va sur la case 53, qui représente deux dés dont l'un marque 5 et l'autre 3. La seconde, c'est que, si l'on fait 8 par 6 et 2, soit 2 et 6 (et non 9 par 6 et 3) on va à la case 26, où sont également tracés deux dés portant l'un 2 et l'autre 6.

La case du jardin de l'oie, si on arrive justement, fait gagner la partie.

Par la numération par 8, on désignait 8 par 10, 12 par 8 plus 4 ou 14, 18 ou 2 fois 8 par 20, et 20 par 2 fois 8 plus 4 ou 24; et la case 64 s'appelait cent.

Le jeu d'oie seul suffirait pour établir l'ancienne existence de la numération par 8.

Cette traduction du grec devient un monument vivant de l'ancienne numération octovale.

Bible.

Suivant la Bible catholique, traduction par Le Maistre de Sacy, et suivant la Bible protestante, version par Ostervald, évangile selon saint Luc, chapitre III, il y a 76 générations nommées depuis Adam jusqu'à Jésus-Christ, et, suivant l'Evangile selon saint Mathieu, il y a 42 noms (1). Depuis Abraham jusqu'à Jésus-Christ, en y ajoutant les 20 noms (les mêmes que ceux de l'Evangile selon saint Luc), depuis Adam jusqu'à Abraham, cela ne fait que 62 noms. Voici donc deux Evangiles qui paraissent donner des résultats différents pour le nombre des ancêtres de Jésus-Christ depuis Adam, soit l'un 76 et l'autre 62. Mais ce qui est remarquable, c'est que le nombre 76, calcul par 8 (7 fois 8 plus 6), fait précisément 62 au calcul par 10, de sorte que ces deux nombres ne sont qu'un seul et même nombre et la conséquence de deux modes de numération.

Je ferai remarquer que la différence entre 62 et 76 est 14; que, dans l'Evangile suivant saint Mathieu, le nombre 62 est composé de 3 fois 14 plus 20; que, dans l'Evangile suivant saint Luc, le nombre 76 est composé de 56 ou 4 fois 14 plus 20. Si on réduit les nombres partiels 14 et 20, au calcul par 8, 14 c'est 8 plus 4 ou 12; 20 c'est 2 fois 8 ou 16; on a 4 fois 12, qui font 48, plus 16, qui for-

(1) Dans les deux Bibles, Évangile selon saint Mathieu, le nombre 42 est formé de trois fois 14; dans celle catholique il n'y a que quarante-un noms inscrits, mais le nom de Joachim est omis au verset 11, puisqu'on a indiqué trois fois quatorze générations et qu'on n'en nomme que treize dans cette portion.

ment 64, soit le cent ancien. La généalogie de Jésus-Christ serait ainsi de 100 générations depuis Adam. Il est remarquable qu'en Chine on ait fait remonter la généalogie de Confucius à 64, soit 100 générations depuis Hoang-Ty, fondateur de la monarchie. On doit d'autant plus réduire les nombres 20 à 16 et 14 à 12 que dans la Bible on a inscrit dans les diverses catégories plusieurs noms qui sont les mêmes.

A l'appui de l'existence ancienne des lettres Pline dit :
Page 223. « Epigènes, auteur fameux et renommé, « dit qu'en la contrée de Baldax (la Babylonie) furent « trouvées des éphémérides de *sept cent vingt ans*, « écrites en briques et tuiles. Bérosus et Critodémus « (qui toutefois n'ont parlé si haut qu'Epigènes) *di-« sent ces éphémérides* être seulement de *quatre cent « octante ans*, en quoi on voit l'usage des lettres avoir « été de tout temps. »

Cet article est bien remarquable, car ces deux nombres 720 et 480, qui paraissent si différents, sont le même nombre.

720 ans sont composés de 7 cents de 64, faisant........................	448 ans,
et de 20 ans, soit 2 fois 10 mis pour 2 fois 8 ou	16 ans.
Total..........	464 ans.

Ce qui fait 4 cents et 8 fois 8 ans, qu'on a changés en 4 cents et 8 fois 10 ou octante ans, soit quatre cent octante ans, 480 ans.

Division du cercle.

En remontant à la plus haute antiquité, on verra que tout se multipliait et se divisait en 8 parties ; c'était une nouvelle unité, une huitaine, et de 8 huitaines on a fait encore une nouvelle unité, un cent, soit un cent de 64. Il paraît que la période de 8 cents de 64 pour un mille n'a pas été communément employée, mais on a fait une période de 100 fois 100, correspondant à 10 mille, dont on a fait un nouveau type (en Chine c'était un *ouan*), ceci pour les usages journaliers, dans les temps les plus anciens. Lorsque l'on eut ensuite acquis quelques connaissances en géométrie, on a voulu diviser le cercle; la division du cercle par 1/2, 1/4, 1/8 n'est pas la plus facile; on a vu que le rayon du cercle sous-tendait le sixième de la circonférence; on est parti de cette base, et on a divisé le rayon par la division naturelle et facile de 1/2, 1/4, 1/8, etc.; on a eu la circonférence divisé en 6, 12, 24, 48, 96, 192, 384 parties. Je pose ces nombres comme on les pose maintenant au calcul par 10; mais au nombre 24 on rentre dans les huitaines, 3 huitaines, 48; 6 huitaines; 96, 12 huitaines; 192, c'est 24 huitaines; 384, c'est 48 huitaines. 24 se posait au calcul par 8 comme maintenant 30; 48 comme 60; 96 comme 140; 192 comme 300, et 384 comme 600. Les savants, soit les prêtres de ces temps anciens, ont appliqué cette division de la circonférence aux jours, aux années, aux périodes d'années, aux poids et mesures, aux monnaies et à tous les objets de science; on retrouvera cette division par toute la terre. Ainsi, le jour, divisé primitivement en huit parties, et chaque partie divisée encore en huit autres (ce qui faisait le jour divisé en 64 parties), a été ensuite divisé par les savants, par les premiers astronomes, en 48 parties; puis chaque partie en 48 autres, ce qui a produit 48 minutes, 48 secondes, en descendant, que l'on posait comme maintenant 60 minutes, 60 secondes; c'est le nombre 60 du calcul par 8 qui est devenu le nombre 48 du calcul par 10, et a donné, en remontant, 8 fois 48, soit 384, ou 6 fois 64 ou 6 *cents*. C'était la grande année de 48 semaines de 8 jours dont on a tant parlé, qu'on croit avoir existé au système par 10 et qui existait au système par 8 en Judée, en Égypte, en Chine, enfin par toute la terre. On a divisé cette grande année en deux petites années ou 24 semaines de 8 jours, 192 jours égalant 3 fois 64 ou 300 jours, et aussi en 3/4 d'année, soit en 36 semaines de 8 jours, 288 jours qui font, au système par 8, 450 jours. De cette période de 600 jours sont venues les périodes de 600 ans, de 3,600 ans, de 36,000 ans, etc., toutes périodes originaires de la numération par 8.

Le jour, divisé en 48 fois 48, a donné 2304 parties, qui, divisées par 1/2, 1/4, 1/8, ont donné 1152 pour 1/2 jour, 576 pour 1/4 de jour, 288 pour 1/8, 144 pour 1/16, 72 pour 1/32, 36 pour 1/64, et enfin 18 parties pour 1/128; ce sont les 18 scrupules chaldaïques qu'on désigne improprement pour 1/4 d'heure.

Comme ces nombres reviendront bien souvent dans les citations que je tire de divers auteurs, je vais en former un tableau, en les inscrivant suivant les deux modes de numération par 10 et par 8.

2304, c'est 36 cents de 64, soit 3,600 ou 4 fois 8 cents plus 400 ou 4,400;

1152, c'est 18 cents de 64, soit 1800 ou 2 fois 8 cents plus 200 ou 2200;

576, c'est 9 cents de 64, soit 900 ou 1 fois 8 cents plus 100 ou 1100.

Mais le cent du nombre 1100 a été souvent traduit par 8 fois 10, soit 80, et du nombre 1100 on a fait le nombre 1080.

288, 4 cents et demi, soit une année de 36 semaines de 8 jours;

144, 2 cents et un quart;

72, 1 cent de 64 plus 8, dont on a fait 108 et 110.

Ce nombre 72 est la représentation de la figure de la Chine, le Ho-tou; c'est aussi la représentation du feddam égyptien. 72 ou 108, système par 8, est la huitième partie de 576, dont on a fait 1080; on peut remarquer qu'en ajoutant un zéro à 108 on a aussi 1080.

36, c'est la soixante-quatrième partie de 2304, soit la soixante-quatrième partie d'un jour, qu'on désignait au calcul par 8 sous le nom de la centième partie.

18, c'est la cent vingt-huitième partie, soit la deux-centième partie d'un jour, ou, en divisant les 24 heures du jour en deux fois 12 heures, cela devient la soixante-quatrième partie de 12 heures, soit la centième partie. Ces nombres sont la clef de tout, c'est-à-dire qu'avec le calcul par 8 on a la clef de bien des nombres incompréhensibles et erronés, mentionnés dans les ouvrages des auteurs anciens.

Je vais appuyer cette division du cercle en 48 parties par diverses citations.

Système métrique des anciens Égyptiens, par M. JOMARD, *sur une mesure de la terre attribuée à Posidonius.*

Page 171. « Posidonius (antérieur à Ptolémée et à « Strasbon) observa l'élévation de *l'étoile Canopus* sur « l'horizon d'Alexandrie, et trouva qu'elle était égale « à une quarante-huitième partie de la circonférence « (7° 30'). Il observa aussi qu'à Rhodes elle ne faisait « que raser l'horizon, et il en conclut, dit-on, que l'arc « terrestre qui sépare ces deux villes est la *quarante-« huitième partie de la circonférence du globe.* On rap-« porte aussi qu'au moyen de la distance itinéraire de « ces deux points *il détermina l'étendue de la circonfé-« rence entière.* »

Cette base de Posidonius, de la quarante-huitième partie de la circonférence pour déterminer l'étendue de la circonférence entière, rentre dans l'énoncé que j'ai avancé.

Dictionnaire de l'Encyclopédie.

« Scrupule (ou scripule) chaldaïque. C'est la 1080e « partie d'une heure, dont les Juifs, les Arabes et les « peuples orientaux se servent dans le calcul de leur « calendrier, et qu'ils appellent hélakin. 18 de ces scru-« pules font une minute ordinaire. Ainsi il est aisé de « changer les minutes en scrupules chaldaïques et ceux-« ci en minutes. On compte 240 scrupules dans un « quart d'heure. »

Le nombre 1080 ne peut s'accorder avec celui de 240 pour un quart d'heure, car 240 donnerait 960 pour une heure. Cette anomalie doit prouver que cette base est fausse, et qu'on doit en chercher une autre. Je la donnerai plus loin ; auparavant je vais transcrire encore une citation où le nombre 1080 est mentionné. J'en tirerai des motifs en faveur de la division du cercle en 48 parties, et en faveur de l'existence de la numération par 8 dans l'antiquité.

Histoire de l'Astronomie moderne, par Bailly, 1er volume.

Page 466 : « M. Joachim Heller a publié à Nuremberg, en 1549, un écrit d'un Juif sur les intervalles « des règnes, et sur les années et les mois des différents « peuples, où l'on trouve une division de l'heure en « 1080 parties, qui est fort singulière. Nous trouvons « *ailleurs* que l'on attribue *aussi* cette division aux « Perses et aux anciens Arabes. On prétend encore que « les anciens, pour la commodité du calcul, multipliaient « les 12 parties du jour par un nombre quelconque, « par 30, 60, 90, et le jour avait, en conséquence, 360, « 720 ou 1080 parties. On pourrait croire que c'est de « cette pratique qu'est venu l'usage de diviser l'heure « en 1080 parties; mais tous les calculs, tous les nombres de ce Juif sont donnés conformément à cette « division, et si les peuples que l'on cite s'en servaient « également, un *usage constant* peut-il être fondé sur une « multiplication aussi arbitraire que celle dont nous « venons de parler, chacune de ces 1080 parties étant « de 3" 1/2. »

Voici l'explication.

Le jour divisé en 48 parties me donne 48 heures; ensuite, divisant l'heure en 48 parties, j'ai 2304 parties, ou minutes dans un jour. Ce nombre donne 576 parties ou minutes pour 12 heures, ou le quart d'un jour. Il donne également 576 parties ou secondes pour le quart d'une heure, etc. En prenant le 32e de 576 j'amène 18, soit les 18 scrupules dont il est parlé, produisant également 18 secondes, 18 tierces, etc. Ces 18 scrupules dérivent donc d'un calcul par 8, d'une division par 1/2, 1/4, 1/8, 1/16, 1/32, 1/64, 1/128, appliquée à la division du cercle en 48 parties.

Ainsi ces 18 scrupules étant le 1/32 de 12 heures, dont 48 pour un jour, deviennent la 128e partie d'un jour; 128 c'est 200, système par 8.

Le jour, anciennement, a été divisé en 2 parties : le jour et la nuit, soit en 24 parties chacune, et maintenant en 12 parties chacune. Si ces 18 scrupules se calculaient sur un demi-jour, ils en seraient la 64e partie (la 100e au calcul par 8), soit le 1/8 d'un 1/8, soit la division naturelle de un quart, un demi-quart ou un huitième de jour, d'heure, etc. Il est mis que 18 de ces scrupules font une minute ordinaire. Cela peut faire penser que la minute ordinaire était la 64e partie d'une heure.

Je ferai remarquer que nos 12 heures sont bien maintenant de 60 minutes; mais 60, au calcul par 8, c'est 6 fois 8 ou 48, et les heures autrefois ont été de 48 parties ou minutes; 12 heures de 48 minutes font 576 minutes. D'ailleurs 1080 c'est 45 fois 24. Il n'est pas possible qu'on ait divisé 24 heures par 45 parties.

Maintenant ce nombre 576 *quel est-il?* Il est *précisément* égal au nombre 1080, *système par* 8, *le nombre* cité.

1000	c'est 8 fois 64 (le cent ancien), égalant. .	512
80	c'est 4 fois 20, qu'il faut changer en 4 fois 16 ou un cent ancien.	64
1080	correspondant au nombre.	576

Ce nombre 576 est 9 fois 64 ou 9 *cents anciens;* c'est 3 fois le nombre 192, l'ancien tri-cycle chinois, comme je l'établirai plus avant.

Je dis 9 cents anciens; mais, comme on ne comptait que jusqu'à 8, 9 cents anciens c'est 1000 plus 100, qu'on posait comme 1100; de 1000 plus 100 on a fait 1000 plus 80 ou 1080; on a mis 4 fois 20 au lieu de 4 fois 16 où 8 fois 10 au lieu de 8 fois 8, qui forment 64 ou un cent. Ceci est une preuve que les nombres anciens étaient exprimés au calcul par 8.

Il est mis que les anciens, pour la commodité du calcul, multipliaient les 12 parties du jour par un nombre quelconque, 30, 60, 90; que le jour avait en conséquence 360, 720 ou 1080 parties.

Les nombres 30, 60 et 90 sont exprimés ici au calcul par 8; il faut les changer par les nombres qui y correspondent, 24, 48 et 72; ces nombres, multipliés par les 12 parties du jour, donnent 288, 576 et 864. Le nombre 288 est le *huitième* du jour de 2304 parties, 576 le quart, et 864 le quart et demi ou les trois huitièmes, soit donc un huitième, deux huitièmes et trois huitièmes de jour.

L'explication que je vais donner d'un hiéroglyphe va achever de prouver que le nombre **1080** est exprimé au système par 8 et qu'il est mis pour le nombre 576.

M. Jomard, page 278 :

« *D'un passage d'Horapollon sur l'aroure.*

« Un hiéroglyphe très-curieux du recueil d'Horapol-« lon démontre *l'antiquité* de la mesure de l'aroure en « Egypte. En effet, les auteurs du langage hiérogly-« phique y avaient puisé un symbole. (Suit le texte en « grec et en latin.)

« Faut-il entendre que la figure de cet hiéroglyphe « était celle d'un carré? Mais comment peindre ou re-« présenter par un symbole le quart de l'aroure, ou « bien l'aroure elle-même, qui n'est autre chose qu'une « superficie? La forme du carré figure fréquemment « dans les signes hiéroglyphiques; mais je doute que « ce chapitre d'Horapollon puisse faire découvrir, dans « les signes que nous connaissons, qu'il était *le symbole* « *de l'année chez les Egyptiens* (1). Toutefois il est pré-« cieux pour la métrologie égyptienne, car il prouve « que l'aroure, mesure de **100** coudées de côté, se divi-« sait en 4 parties ; chacune de celles-ci avait donc « 2500 coudées carrées, et 50 coudées ou 75 pieds de « côté. »

Explication :

Que le quart d'aroure soit un quart d'année ou un quart de jour, mon explication est la même ; divisant le jour et l'année en 48 parties, puis encore chaque partie en 48, j'ai 2304 parties (36 fois le cent de 64); le quart fait 576 parties.

Ce nombre est 9 fois 64 ; de sorte que, représentant l'aroure par un carré divisé en 4 carrés, et chacun de ces carrés en 9 autres carrés, modelés comme

(1) Note de M. Jomard : « Si le quart d'aroure était un emblème *du* « *quart de jour*, l'aroure elle-même *répondait à un jour entier* ; dans « ce cas, la raison de ce symbole ne serait-elle pas que le labourage de « l'aroure demandait une journée ? »

ci-dessous (les 9 carrés dans le carré du haut), j'ai pour le quart d'aroure 576 parties, et pour chacun des 9 petits carrés 64 coudées carrées (8 sur 8), nombre correspondant à un cent ancien. Le quart d'aroure représente l'une des deux figures de la Chine, le *Ho-tou* et le *Lo-chou*; ce sont les 9 *cents* (9 cents de 64) arpents de terre pour huit familles, dont il est parlé, n'importe la grandeur de la mesure; mais un même carré divisé en 9 ou en 8 parties. En changeant la distribution de ce carré de 9 parties, en le modelant comme le carré du bas, j'ai 8 parties de 72 coudées carrées, dont le quart fait 18 parties. Ces portions de terre de 72 parties sont alors de 12 sur 6. On donne le nom de jugère à une portion de terre de cette forme, soit dont la longueur est le double de la largeur. Pour avoir des portions de 18 coudées carrées, il faut encore diviser en 4 parties les portions de 72, ce qui les rend de 6 sur 3.

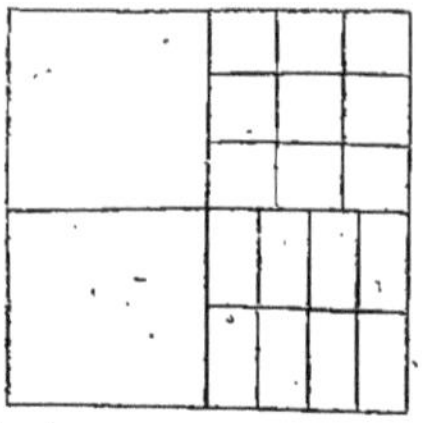

Ainsi, appliquant cette figure au jour et à l'heure, j'ai le jour divisé en 2304 parties ou minutes, l'heure divisée en 48 minutes ou 2304 secondes, etc. Le quart 576 (équivalant au nombre cité 1080 système par 8) fait le quart d'un jour, ou le quart d'une heure. Le *huitième* de 576 me donne 72, et le quart de 72, ou le 32me de 576, me donne 18, soit les 18 scrupules dont il est parlé précédemment. Plus avant, à l'article *Bible*, cet hiéroglyphe viendra encore à l'appui d'une année ancienne des Hébreux de 288 jours, huitième du nombre 2304.

Cette explication est précieuse en ce qu'elle établit que le nombre 1080 est un nombre de la numération par 8, donc que cette numération a existé. Elle est favorable à la division du jour en 48 heures, 48 minutes, 48 secondes, etc., et, par suite, à celle du cercle en 48 parties, etc. Elle est conforme à ma nouvelle division des figures Ho-tou et Lo-chou en 8 et en 9 parties. Elle confirme un même mode de division des terres pour l'*Égypte* et pour la *Chine;* enfin elle indique que, *dans la haute antiquité, les usages étaient les mêmes pour toute la terre.*

SARES, NÈRES et SOSES, *Dictionnaire de l'Encyclopédie.*

« *Sares.* Les Chaldéens divisaient le temps en sares,
« en nères et en soses. Le sare, suivant Syncelle, mar-
« quait 3600 ans, le nère 600, et le sose 60. »

Je retrouve encore ici une division alternative en 6, puis en 8, soit en 48 parties, exprimées au calcul par 8.

1 × 8 =	8,	exprimé au calcul par 8,	10
8 × 6 =	48,	» sose.	60
48 × 8 =	384,	» nère.	600
384 × 6 =	2304,	» sare.	3600
2304 × 8 =	18432,	»	36000

Périodes applicables aux jours et aux ans.

Le sare de 3600, c'est au calcul par 8, 36 cents de 64, formant le nombre 2304, dont j'ai parlé précédemment, provenant de 48 fois 48, dont le quart 576 a formé le quart d'aroure, le quart de jour, et qui, exprimé au calcul par 8, donne le nombre 1080.

Le nère de 600 ans, c'est 6 cents de 64 formant 384, nombre égal à 8 fois 48.

Le sose de 60 ans, c'est 6 fois 8 formant 48.

Poussant le calcul plus avant, j'ai multiplié 2304 par 8, j'ai eu 18,432. Ce nombre divisé par 512, le 1000, système par 8, (8 fois 64), m'a donné 36,000, soit la grande période Chaldaïque de 36,000 ans, nombre donné pour être celui de la grande révolution des étoiles, mais c'est 36,000 ans calcul par 8, année de 384 jours calcul par 10, ou de 600 jours calcul par 8.

Cette période de 36,000 ans ne doit être considérée que comme période astrologique.

J'ai établi les périodes de sares, nères et soses suivant le Syncelle; je vais les donner suivant Suidas, et il en résultera un fait concluant et curieux.

Fréret, *Chronologie des Chinois*, tome 2, page 8 :

« Les Chaldéens avaient deux périodes appelées sares,
« toutes deux composées de mois lunaires, dont l'une
« servait à l'usage civil, et l'autre n'était employée que
« par les astronomes. Ce sare est simplement nommé
« dans Hésychius; mais Suidas est entré dans un plus

« grand détail sur celui de l'usage civil : il nous apprend « que c'était une période de 18 *ans lunaires intercalés*, « ou dont 6 étaient de 13 lunes, en sorte que la période « entière était de 222 lunaisons. Suidas ajoute que 120 « de ces sares font 2220 ans, ce qu'il faut entendre « d'années lunaires simples; autrement les 120 sares « feraient seulement 2160 ans.

« Il est manifeste, par les fragments de *Bérose* et par « ceux d'Abydène et de Polyhistor, rapportés dans le « Syncelle, que les 120 sares du passage de Suidas, sont « ceux de la durée que Bérose assignait au temps qui « a précédé le déluge de Xisuthrus, temps qu'il parta- « geait en 10 règnes ou générations. »

Il faut remarquer que le nombre 2220, c'est 222 et un 0, c'est donc un 0 ajouté à la période de 222 lunaisons, soit donc 2220 lunaisons, et non 2220 ans. Il est mis qu'il faut entendre que ces 2220 ans doivent être des années lunaires simples ; ceci est une remarque de Fréret, je suppose, parce qu'il a vu que les 120 sares dont il vient de parler ne forment pas 2220 ans. Mais ces 2220 lunaisons sont formées d'une autre manière; on a vu que 222 lunaisons font 18 ans. Pour former 180 ans, le trycicle chinois, il faut ajouter un 0 à 18 ans, ou ajouter un 0 à 222 lunaisons. On a ainsi 2220 lunaisons, et ces 2220 lunaisons font exactement 180 années chinoises et égyptiennes, dont trois années sont composées de deux ans de 12 lunaisons et d'un an de 13 lunaisons; ce qui constitue une année de 364 jours 2/3. Ainsi donc les 2220 *ans* qu'on donne comme le temps qui a précédé le déluge, seraient une période de 2220 *lunaisons*.

On peut remarquer qu'ici le Syncelle multiplie 60 par 10 pour former 600, puis 6 par 600 pour former 3600, soit donc 60 par 60 pour former ces 3600 ans, et que Suidas multiplie 37 lunes par 6 pour former 222 lunes, puis 222 lunes par 10 pour former le nombre 2220, ce qui revient à multiplier 37 lunes également par 60 (60, le nouveau cycle chinois), pour former 2220 lunes.

Le sare astronomique de 223 lunaisons est venu postérieurement; c'est un perfectionnement, ce sare étant plus près de l'exactitude pour former des années solaires.

Fréret dit, page 42 : « Les tables de Ptolémée ont « conservé, dans la manière de compter les années, « des traces sensibles de la méthode chaldéenne et *de* « *la période civile* du sare de 18 ans. Les années sont « distribuées dans ces tables par périodes de 18 ans; « Hipparque et Ptolémée crurent ne devoir rien chan- « ger *à un usage recu.* »

Ainsi donc, l'usage était bien de compter par 222 lunaisons, comme chez les Chinois.

J'ai suivi ici les calculs qui sont selon la numération par 10. Mais il ne faut pas oublier que les sares, nères et soses étaient, dans l'origine, des périodes de la numération par 8, et, suivant cette numération, je vais amener un autre résultat.

Fréret fait observer, page 13, que le *nère* de 37 lunaisons n'est pas divisible par 10. Ceci est vrai, mais j'ai fait provenir 13 lunaisons du *nère* de 384 jours (soit 600 jours, système par 8), et 384 jours sont divisibles par 8 et donnent le sose de 48 jours, soit 6 fois 8 (soit 60 jours, système par 8).

Fréret fait encore observer, page 19, très-judicieusement et très-à-propos, en faveur du système par 8, que 3600 jours ne sont composés ni d'années ni de lunaisons; mais je réponds qu'en réduisant ces 3600 jours au sytème par 8, on aura 2304 jours, soit le produit de 6 fois 384 jours, soit 6 fois 13 lunaisons, 98 lunaisons.

Qu'on le remarque bien, j'ai dit précédemment que, dans l'origine, dans la plus haute antiquité, les années étaient de 24 semaines de 8 jours, formant 192 jours, d'où l'on est parti pour former la grande année de 48 semaines de 8 jours, soit 384 jours égalant 600 jours, système par 8, et ceci peut être, parce que l'on a vu que 48 semaines de 8 jours étaient égales à 13 lunainaisons; mais cela n'avait, dans le commencement, aucun rapport avec l'année solaire, ni même le sare de 6 fois 13 lunaisons, puisque 78 lunaisons ne coïncident pas avec un certain nombre d'années solaires, mais forment bien un sare de 3600 jours (c'est-à-dire 2304, système par 10), exprimés au système par 8.

Si je transforme les 120 sares de Bérose, qui ont précédé le déluge, du calcul par 8 au calcul par 10, j'ai 64 plus 16, soit 80 sares; 80 sares de 18 ans font 1440 ans. Le cycle persan était de 1440 ans, suivant Fréret, tome 4 de la chronologie de Newton; il compose ce cycle de 12 périodes de 120 ans. (Ce cycle de 1440 est aussi le nombre de minutes qui se trouve maintenant dans 24 heures.)

La période de 2220, soit 2220 lunaisons, au lieu d'être nommée période chaldaïque pourrait être nommée une période chinoise, car ici vient encore une preuve de l'identité d'origine des Chinois et des Chaldéens. Les Chinois ont un cycle de 60; en multipliant 37 lunaisons par 60, on a 2220 lunaisons, et comme 37 lunaisons sont 3 ans, il s'ensuit que les 2220 lunaisons sont un tricycle de 180 années chinoises, dont 120 de 12 lunaisons formant 1440
et 60 de 13 lunaisons . . 780

2220 lunaisons.

Ainsi donc, la période chaldaïque et la période chinoise sont la même période.

Un nombre célèbre, rapporté chez diverses nations, est celui 10,800, mais ce nombre est mis pour 8 mille plus 8 cents, et comme 800 c'est un mille, c'est 9 mille le fameux nombre chinois 3 fois 3.

A l'occasion de cette période 10800, voici un extrait du *Livre des mœurs des Bramines*, par Abraham Roger, qui vient à l'appui d'une numération par 8.

Page 178. « Les Bramines attribuent au monde quatre siècles. Ils disent que

« le premier a duré 17 lacs et 28000 ans,
« le deuxième » 12 lacs et 96000 ans,
« le troisième » 8 lacs et 64000 ans. »

Bailly, *Histoire de l'Astronomie ancienne*.

Page 13. « Les Indiens disent que le monde a eu « quatre âges :

« Le premier a duré 1728000 ans,
« Le deuxième » 1296000 ans,
« Le troisième » 864000 ans,
« Le quatrième doit durer 432000 ans. »

Pour avoir ces nombres, on a dû multiplier la période de 10800 par 16, par 12, par 8 et par 4. On a ces nombres *moins un zéro*.

Le nombre 17 lacs ne cadre pas avec la suite 12, 8 et 4 lacs, mais on doit dire 16 lacs et 128000 ans, au lieu de 17 lacs et 28000 ans.

Mœurs des Bramines, page 178, il est mis :

« Platon rapporte, de la bouche d'un prêtre égyptien, « que l'histoire descriptive de Save, fait ou emporte « avec soi 8000 ans. »

En multipliant ces 8000 ans, que je suppose être un lac, par 16, 12, 8 et 4, j'obtiens les nombres 128000, 96000, 64000 et 32000, et on pourra dire :

Le 1er âge a duré	16 lacs ou	128000 ans,	16 fois 8000.
Le 2e âge »	12 lacs ou	96000 »	12 fois 8000.
Le 3e âge »	8 lacs ou	64000 »	8 fois 8000.
Le 4e âge durera	4 lacs on	32000 »	4 fois 8000.

Ces nombres, pour moi, sont au calcul par 8. Ils feraient 200000, 150000, 100000 et 50000 ans. Ce sont ces nombres, auxquels on ajoute encore des zéros, qui ont formé des périodes en quelque sorte sans limites.

A l'article *Chronologie*, suivant M. Dupuis, à la fin du 10e tome du *Dictionnaire de l'Encyclopédie*, il est mis :

Page 906. « Il ne nous reste plus que d'appliquer à « la décomposition des 8 *générations étrusques* la même « progression que nous avons vue régner dans les qua- « tre âges indiens. En effet, les Indiens ne sont pas les « seuls qui aient emprunté la période astrologique des « Chaldéens, pour en composer le cycle des âges diffé- « rents du monde. Elle a aussi servi aux Étrusques, « qui l'ont décomposée en 8 générations successives.

« A l'occasion de plusieurs prodiges qui semblaient « présager les malheurs de l'univers, les devins d'Étru- « rie, ayant été consultés, déclarèrent que c'était le si-

« gnal de la fin des siècles et du commencement d'un « nouvel ordre de choses, qu'il y avait en tout 8 géné- « rations.

« Le fuseau des Parques, qui servait à filer les des- « tins de chaque génération, était formé de 8 cercles « concentriques.

« Platon nous le représente comme un grand peson « creux en dedans, dans lequel était enchassé un autre « peson plus petit; dans les deux, il y en avait un troi- « sième; dans celui-ci un quatrième, et ainsi de suite, « jusqu'au nombre de 8. C'est au-dessus du 8e ciel qu'est « attaché le sommet du fuseau qui imprime le mouve- « ment à toutes les révolutions célestes, dont la coïn- « cidence parfaite produit *le nombre parfait*, ou la « grande année, qui comprend les 8 générations des « Étrusques.

« On voit donc que la division de la durée du monde « en 8 générations ne fut point arbitraire dans la phi- « losophie Étrusque. »

Ceci me fait douter si les 10 générations d'hommes, avant le déluge, mentionnées par Moïse et Bérose, ne proviennent pas d'un texte changé, d'une fausse traduction de 8 en 10, quoique les noms des générations soient mentionnés, et que ce soient des générations d'hommes.

Je trouve, à la fin du 5e volume de la traduction de Strabon, un article de M. Gosselin, sur *les systèmes métriques des anciens*, qui vient en faveur de ma division du cercle en 384 parties, en ce sens, que M. Gosselin, et aussi M. Letronne, ne considèrent pas la division du cercle en 360 parties, comme ayant existé dans l'origine.

Voici copie :

« Quant à la division du cercle en plusieurs parties, « cette division étant arbitraire, on conçoit que l'usage « a pu varier sur le nombre de degrés dans lesquels sa « circonférence devait être partagée; *si, dès l'origine*, « les cercles de la sphère avaient été divisés en 360 de- « grés, *serait-il probable* que les astronomes et les géo- « graphes se fussent réunis pour diviser l'équateur et « les méridiens terrestres en 400,000 et en 300,000 par-

« ties, et qu'ils eussent compliqué, par cet étrange « moyen, toutes les opérations et les calculs qui de- « vaient soumettre la description de la terre aux ob- « servations astronomiques? Je ne le pense pas. Les « nombres de 400,000, de 300,000 et de 360,000 stades, « donnés au périmètre de la terre, me paraissent rap- « peler trois méthodes, ou plutôt trois essais successi- « vement appliqués à la division du cercle en 400, en « 300, en 360 degrés. C'est de là, en effet, et des diffé- « rentes subdivisions de ces degrés, qu'on verra sortir « les divers stades, les milles itinéraires, et les autres « mesures dont j'ai parlé. »

En note, il est mis : « M. Letronne pense que la di- « vision du cercle en 360 degrés fut *inconnue* aux Grecs « avant la fondation de l'école d'Alexandrie, et qu'ils ne « paraissent pas en avoir fait usage avant Hipparque. »

Histoire de l'Astronomie moderne, par Bailly, 1er vol.

Page 524. « Une conformité singulière, que nous ne « devons pas oublier, c'est que les Chinois ont un ar- « pent, pour mesurer leurs terres et régler les taxes « impériales, qui contient 100 pas carrés, chacun de « 18 *pieds*. On voit tout de suite l'analogie avec notre « arpent, composé de 100 perches carrées, *chacune de* « 18 *pieds* (18 pieds de côté) : notre perche même de « 18 pieds paraît avoir été originairement formée de « 100 grandes coudées, qui faisaient 205,440 pouces, « ou, précisément, 18 pieds grecs. Quand notre pied « aura changé, elle aura conservé sa valeur de 18 pieds, « et aura été portée à 216 pouces par l'augmentation « du pied. »

La perche de 18 pieds paraît être la suite de la division de 48 par 48. Je ferai remarquer que la perche des Eaux et Forêts est de 22 pieds, et que 22, au calcul par 8, correspond à 18, calcul par 10.

Voici un autre fait en rapport avec la numération par 8.

Pour les terres des environs de Lille, la mesure principale est le bonnier, composé de 16 *cents* de terre; un cent de terre est 100 fois un carré de 10 pieds de côté, soit 10000 pieds carrés. Le pied est de 11 pouces, soit 0,m 2977 (l'aune de Paris, composée de 3 pieds 7 pouces 10 lignes 10 points, donne pour le quart 0,m2970). Le pied romain est de 0,m 2956. Il est donc permis de croire qu'ils viennent de la même origine. Le pied romain est la 100e partie de 64 coudées égyptiennes et hébraïques, comme il sera établi plus loin : le pied de Lille serait donc également la 100e partie de 64 coudées égyptiennes et hébraïques. Le nombre 16 cents indique la suite d'une numération par 8. Les 10,000 pieds, formant un cent de terre, peuvent avoir été 10000 au calcul par 8; soit le bonnier, un carré composé de 16 carrés, chacun de 64 coudées de côté.

Autres rapports avec le système par 8, et la base de 6 fois 8, pour les poids.

La livre (poids) française égale 2 marcs, 16 onces, 128 gros ou drachmes, 320 sterlings, 384 *deniers ou scrupules*, 640 oboles, 1280 schellings, 9216 grains, 221,184 primes.

Ainsi, un marc égale 8 onces, une once 8 gros, soit un marc égale 64 gros, le cent ancien.

320 sterlings, c'est 5 fois 64 ou 5 cents anciens.

384 deniers ou *scrupules*, c'est 6 fois 64 ou 6 cents anciens, nombre égal à 8 fois 48.

640 oboles, c'est 10 fois 64.

1280 schellings, c'est le double, 20 fois 64.

9216 grains, c'est 144 fois 64, ou 4 fois le nombre 2304, produit de 48 multiplié par 48, formant 18 mille, système par 8, soit 2 fois 8 mille plus 2 mille, qu'on devrait poser comme 22000.

221,184 primes, c'est 3456 fois 64, ou 432 fois 512, le mille ancien, correspondant à 660,000 exprimé au système par 8.

Il est à remarquer que le denier ou scrupule est égal à 24 grains, le grain à 24 primes.

M. Jomard, page 11 :

« La circonférence, selon Achille Tatius, se divisait « en 60 parties; c'est le sexagésime, sextant ou scru« pule. »

Dans Pline, *le scrupule* est la 48e *partie* d'un arpent;

ceci à l'appui de la division de la circonférence en 48 parties et non en 60, 6 fois 8 au lieu de 6 fois 10.

Encyclopédie. *Nombres.*

« Le nombre 6, au rapport de Vitruve, devait tout « son mérite *à l'usage* où étaient les *anciens géomètres* « de diviser *toutes* leurs figures, même celles qui étaient « terminées par *des lignes courbes*, en 6 parties égales. »

Toujours à l'appui de la division en 6 fois 8.

Page 255. « C'est en valeur *du rayon* de la terre que « se calculent et qu'ont toujours été calculés les diamè- « tres des planètes et leurs distances. »

Ceci à l'appui que c'est la corde qui soustend le sixième de la circonférence, et qui est égale au rayon, qui a fait adopter la multiplication du nombre 8 par 6 formant 48, pour les objets de science.

Page 227 : « Le nombre 60, dit Plutarque, est la pre- « mière des mesures *pour les astronomes.* »

Pourquoi 60 serait-il la première des mesures pour les astronomes? D'où viendrait ce nombre? Mais 48 étant le produit de 6 (qui est la corde du sixième de la circonférence) multiplié par 8, doit-être la première mesure des astronomes.

Pages 10 : « Les anciens mesuraient en doigts les « phases des éclipses, ainsi que nous le faisons nous- « mêmes quand nous donnons 12 doigts au diamètre « du soleil; c'est d'eux que nous tenons cette méthode. « En effet, le diamètre du soleil était estimé, par les « Egyptiens, de 30 minutes ou un demi degré. Ajoutons « que, selon Ptolémée, les *anciens* divisaient le degré « en 24 doigts; ce qui suppose la coudée d'un de- « gré. »

Le degré ici, *suivant la méthode des anciens*, n'est pas divisé en 60 parties, mais en 24 doigts, soit la moitié de 48, comme 24 heures sont la moitié du nombre 48, ancienne division du jour. Ainsi la division était bien par 48 subdivisée en 24, 12, 6, 3, soit en 1/2, 1/4, 1/8, 1/16.

La coudée, est-il mis, était d'un degré; c'est une des bonnes raisons à l'appui que le cercle se divisait en 48 parties. Le nombre 60 est un nombre ingrat, il aboutit par la division naturelle au nombre 15. Le nombre 48 arrive au nombre 3.

Constitution physique de l'Égypte, par M. de Rozières.

Page 413 : « Le ciel, la terre, *le cercle* se divisaient en « 24 parties de même que l'année. »

« Les années de 24 *mois* ou 15 jours sont célèbres. « *Le cercle* des instruments de mathématiques et d'as« tronomie avait également cette seconde division en « 24 parties. Nous en avons un exemple peu connu du « public, mais de beaucoup de minéralogistes, c'est le « cercle de la boussole des Mines. *En tous pays*, il est « divisé en 24 parties comme l'année, le jour et l'orbite « du soleil, et les 24 divisions *partagées de même en* 2 « *séries de* 12, portant aussi le nom d'heures comme les « divisions du jour. »

Toute cette citation est à l'appui de la division du cercle en 48 parties comme bases. Les instruments de mathématiques ont conservé cette division ancienne par 48 ou 24. En Chine, le cercle de la boussole qui y était connu, il y a quatre mille ans, était divisé en 24 parties; c'est une raison très-forte en faveur de la division du cercle en 48 ou 24 parties.

Je dirai encore à l'appui du nombre 6 pour la division, que, suivant le P. Duhalde qui donne la description de six machines qui se trouvent conservées à l'observatoire de Pékin, cinq ont 6 pieds de diamètre.

La sixième machine est un sextant dont le rayon est de 8 *pieds*. Cette figure représente, dit-il, la *sixième partie* d'un grand cercle porté sur un arbre, etc.

Ainsi cette machine du sixième de la circonférence avec un rayon de 8 pieds, indiquerait qu'on a voulu réunir les deux nombres 6 et 8 pour les instruments astronomiques.

Histoire de l'Astronomie ancienne, par Bailly.

Page 70 : « Nous soupçonnons que la propriété con« nue du nombre sexagésimal, qui a beaucoup de divi« sions, et qui, par conséquent, est très-commode pour « le calcul, fut la source d'une infinité d'usages et de « périodes. L'*universalité* de ces usages porte à croire

« qu'ils ont une source *unique*. Les anciens étendirent « cette division à tout, *au rayon du cercle, au cercle* « *même* qui eût *d'abord* 60, ensuite 360 degrés. On par- « tagea le jour, et successivement toutes ses subdivisions « en 60 parties. On établit en montant la même progres- « sion qu'on avait suivie en descendant; et, de même « qu'un jour pouvait être considéré comme une période « de 60 *heures*, une heure comme une période de 60 « minutes, on composa la période de 60 jours, dont se « sont servis les Tartares et les Chinois, et la période « de 60 ans, dont l'usage fut général dans l'Asie. Le « lustre des Romains pourrait bien avoir la même ori- « gine. Censorin le range au nombre des périodes « appelées *grandes années*. Ce serait une période de « 60 mois, intermédiaire entre celle de 60 jours et celle « de 60 ans. Quand on réfléchit sur l'usage presque « universel du nombre sexagésimal, quand on voit la « période de 60 ans, connue à Babylone, employée de « tout temps dans la chronologie, aux Indes, à la Chine, « la période de 3600 *ans* également connue à Babylone, « et son usage astronomique établi chez les Indiens, « la période de 600 *ans* célébrée par Joseph, dont nous « montrons que l'établissement *a précédé le déluge*, et « dont un souvenir *sans usage* s'était conservé dans la « Chaldée, etc. »

Cette citation de Bailly, traduite au calcul par 8, viendrait appuyer ma manière de diviser le cercle en 6 et en 8 parties, soit en 48 parties. On a changé le nombre 8 en 10 ; mais la base de la division du cercle, le nombre 6 est resté.

La période de 600 *ans* établie par Joseph, dont l'établissement *a précédé le déluge*, que je réduis au calcul par 8, indiquerait que la numération par huit est de la plus haute antiquité. Cette période provient de ma grande année de 600 jours, soit 6 fois 64 formant 384 jours, 16 mois de 24 jours, 48 semaines de 8 jours.

Page 110 : « Le jour des Indiens se compose de 60 « heures, chaque heure de 60 minutes, chaque minute « de 60 secondes. Ils partageaient aussi le jour en 8 « *intervalles*, comme ont fait depuis les Romains. Ces

« intervalles qui sont pour eux de 7 *heures* 1/2, sont « sans doute pour l'*usage civil;* au lieu que la division « en 60 heures est pour l'usage astronomique.

« Le jour est également divisé en 60 heures chez les « Siamois, les Tartares, les Perses, les Chaldéens, les « Egyptiens, enfin chez tous les peuples connus de « l'ancien monde. »

Ceci indique bien une origine commune, comme le dit Bailly, mais cette conformité d'origine pourrait expliquer l'erreur commune si 60 correspond à 48.

Il est mis que ces huitièmes de jour sont de 7 heures 1/2, ceci parce que le huitième de 60 fait 7 heures 1/2, mais cela seul indique que le jour n'était pas de 60 heures; on ne calcule pas dans l'usage civil par intervalles de 7 heures 1/2. Ces huitièmes font 3 ou 6 heures, selon que le jour était divisé en 24 ou 48 heures.

Page 138 : « Il paraît que le zodiaque des Chaldéens « n'était divisé qu'en 12 constellations, auxquelles pré- « sidaient les 12 dieux supérieurs; du moins on ne fait « pas mention qu'ils aient connu cette division si an- « cienne en 28 parties. Le reste du ciel était partagé en « 24 constellations. »

Je fais cette citation à l'appui d'une division primitive en 48 parties, dont 12 fait le quart. Le reste du ciel en 24 constellations vient aussi à l'appui du nombre 48. Quant à la division si ancienne en 28 parties, je note avec satisfaction que les Chaldéens ne la connaissaient pas. Je pense qu'elle n'existait pas très anciennement; 28 a été mis pour 2 fois 8 plus 8, soit 24.

Page 140 : « Les Chaldéens eurent aussi les périodes « de 60 et 600 ans. Ils eurent, comme les Indiens, la « période luni-solaire de 3600 ans. Censorin fait men- « tion d'une période qui était nommée chaldaïque, et « qui comprenaient un intervalle de 12 années.

Bailly ajoute qu'on retrouve cette période chez tous les peuples de l'Asie; que ces 12 années portent chacune le nom d'un animal, et que les noms de ces 12 années sont les anciens noms des signes du zodiaque.

Les 12 années doivent être la suite de la division en

48 parties ramenées à 12 parties, comme les heures ont été ramenées à 24 ou 2 fois 12.

Histoire de l'Astronomie ancienne, par Bailly.

Page 150 : « Les Chaldéens partageaient le degré en « 24 doigts ou parties. »

Page 178 : « Nous partageons encore aujourd'hui les « diamètres du soleil et de la lune en 12 doigts. L'*origine* « de cet usage est facile à trouver. *Les anciens* divisaient « le degré en 24 *doigts* ; il était naturel qu'ils en don- « nassent 12 au diamètre du soleil et de la lune, qui « sont chacun environ d'un demi-degré. *Mais pourquoi* « *les anciens divisaient-ils le degré en 24 doigts ?* Quelle « analogie cette mesure, prise sur le corps humain, a-t- « elle avec les espaces célestes ? Tous les peuples de l'an- « tiquité, Indiens, Chaldéens, Perses, les Egyptiens « même, ont suivi et pratiqué la division sexagésimale. « Pourquoi donc ont-ils adopté celle-ci, et quelle peut « en être la raison ? La coudée ordinaire, en Asie « comme en Egypte, avait 24 doigts ; il est clair que « la division de la coudée a été appliquée à celle du « degré. »

Bailly trouve donc une anomalie entre la division du degré en 24 doigts et en 60 minutes ; effectivement cette anomalie existe maintenant par corruption. Les savants ont pu changer 48 minutes, 6 fois 8, en 60 minutes, 6 fois 10, parce que les minutes n'étaient pas d'un usage général ; mais la division du jour en 24 heures est restée : il n'est pas facile de changer un usage général, et la preuve, c'est qu'on aurait de la peine à faire compter maintenant par 8 malgré la simplicité de ce calcul.

Les anciens divisaient le degré en 24 parties, parce que le nombre 48 était leur division naturelle pour le ciel ; cela n'a aucun rapport avec la mesure prise sur le corps humain ; aussi je mets 24 parties, on a pu dire ensuite 24 doigts, parce que l'on a appliqué cette division de 24 à des parties du corps humain. Mais ce n'est pas le corps humain qui a fait la division du nombre 24. On n'a point employé dans la haute antiquité, dans le principe, la division sexagésimale ; cette division n'existait pas, elle n'est venue qu'après, avec le calcul par 10.

Cette division n'a aucune raison d'être, ni même celle par 10, à moins que ce soit par la raison qu'elles ont été inventées par les prêtres qui aimaient de rendre leurs calculs difficiles à comprendre par le commun des hommes.

Page 193 : « Si nous jetons un coup d'œil sur l'Italie, « à cette époque qui suit la fondation des jeux olympi- « ques, nous y remarquerons une singularité rare dans « l'histoire de l'astronomie. Les anciens peuples de « l'Italie ne réglaient point leurs mois sur le cours de « la lune ; ils avaient des mois qui n'étaient que de 16 « jours, d'autres qui en avaient *trente-cinq et plus*. C'est « presque le seul exemple d'une mesure du temps qui « n'aît pas son origine dans l'astronomie, en supposant « la vérité du fait *attesté* par Solin, Censorin et Plutarque. « Romulus, par une singularité non moins remarquable, « donna aux Romains une année de 10 *mois* et de 304 « jours. Les habitants du Kamchatka n'ont *également* « que 10 mois dans leur année. »

Je pense que l'année sous Romulus n'était que de 8 mois de 24 jours faisant 192 jours, soit 3 fois 64 ou 300, système par 8 (plus loin je donnerai des raisons à l'appui). Les mois supposés de 35 jours et plus, doivent être 3 fois 8 plus 5 pour 29 jours, et plus, ce doit-être 30 jours, soit des lunaisons de 29 et 30 jours.

Il est probable que les premières connaissances chez les Romains sont venues par le nord, l'ancien système par 8 s'y sera conservé plus longtemps.

Page 296 : « La division du jour en 4 parties et de la « nuit en 4 veilles, vient de celle de l'année en 4 saisons, « qui furent appelées *horæ* ; nom qui a été appliqué aux « parties du jour, *même après qu'on eût adopté la division* « *sexagésimale*. Les heures sont les saisons du jour. Si *les* « *anciens* n'avaient considéré le jour artificiel, d'un lever « du soleil à l'autre, que comme un seul intervalle, ils l'au- « raient divisé en 4 parties comme l'*année* : mais, *au con-* « *traire*, ils ont donné 4 parties au jour et 4 veilles à la « nuit, usage qui fut celui *des Romains* et, particulière- « ment et *très-anciennement*, celui des Indiens : d'où il « suit que quelques-uns des anciens peuples ont pu

« compter *deux révolutions ou années*, et même jusqu'à « 8, pour un jour de 24 heures, selon qu'ils l'auront « considéré comme partagé en 2 ou en 8 intervalles. »

J'adopte les faits relatés dans cette citation, sans en suivre le raisonnement; ainsi le jour, les heures étaient divisés en 8 parties chez les Romains, chez les Indiens. Bailly dit qu'ils les auraient divisés en 4 parties comme l'année, si etc. Mais précisément ils les ont divisés en 8 parties, parce que l'année était divisée en 8 parties ou 8 mois, parce qu'ils divisaient tout en 8 parties. Cette similitude avec les Indiens, et sans doute avec tous les anciens peuples, établit que c'était suivant l'origine de la manière de compter par 8. D'ailleurs le jour devait être divisé en 2, 4, 8 parties.

Page 317. « Les Persans désignent successivement « les signes du zodiaque par les lettres de l'alphabet. « La première, c'est-à-dire la lettre A, désigne le signe « du taureau, la lettre B, le signe des gémeaux, etc. »

Ceci à l'appui que les lettres étaient primitivement des chiffres : je traiterai principalement ce point à l'article de la numération des Grecs.

Page 342. « Les Tartares ont, comme les Chinois, « le cycle de 60 ans; 3 de ces cycles forment la ré- « volution qu'ils appellent *van*, le grand van est de « 10000 ans. On dit qu'ils comptent par des périodes « de 60 années, et par leur van de 180 ans, jusqu'à « ce qu'ils aient atteint 10,000 ans; alors ils recom- « mencent. *Mais 10,000 n'est pas un multiple de 60*; « ils auraient donc commencé leur grand van à la qua- « rante-unième année de la période de 60 ans; cela « n'est pas naturel. *Les peuples n'ont jamais admis de « subdivisions que lorsqu'elles sont exactes.* »

Cette observation de Bailly est tout-à-fait en rapport avec ce que je cherche à établir; le nombre 10,000 n'a pas pu être formé avec leur cycle de 60, ni avec leur tricycle de 180, donc ce n'est pas 10,000, système par 10. Ce peut être 10 mille, système par 8.

Voici une explication. Pour l'usage ordinaire, le cycle ou le cent est de 8 fois 8 ou 64. 64 multiplié par 3 donne le tricycle 192 ou 300, système par 8; c'est le van ordinaire. 64, le cent ancien, multiplié par 64, donne 4096 ou dix mille ans. Ainsi 10000 ans, système par 8, a pu être le grand van du compte vulgaire. On donne le nom de grand van à 10 mille, parce que c'était une grande période 100 fois 100. A partir de ce nombre, on recommençait à compter; on ne disait pas cent mille, mais on disait dix fois dix mille, cent fois dix mille, comme on le verra lorsque je parlerai des chiffres chinois et grecs.

Page 476. « Les Siamois et les Indiens ne comptent « que 27 constellations. Cependant quelques-uns ont « fait mention d'une 28e; ces constellations sont divi- « sées chacune en quatre parties. Ils se servent des « constellations pour connaître l'heure de la nuit, par « leur place dans le ciel, vers le méridien ou l'horizon, « et leur méthode suppose qu'ils ont 28 constellations. « Ils divisent le jour en 60 gurrhées ou heures; l'heure « en 60 pulls; le pull en 60 mimick ou clins d'œil. « Chaque constellation passe, dit-on, au méridien en « 2 gurrhées 7 pulls et demi : or 27 fois ce nombre ne « fait que 57 gurrhées 22 pulls et demi; il faut donc « une constellation de plus, *qui n'achève même pas en-* « *tièrement le jour;* il s'en faut encore de 30 pulls. Cette « raison nous paraît décisive, *quoique nous ne sachions* « *à quoi attribuer cette différence de* 30 *pulls* ou de 12 « de nos minutes, entre la révolution du zodiaque et « la durée du jour. »

Bailly trouve une raison décisive pour compter 28 constellations au lieu de 27. Mais puisque le résultat avec 28 constellations ne donne encore que 59 heures 30 pulls au lieu de 60, cela indique que ce n'est ni 27 ni 28 constellations qu'il y avait dans l'origine. En comptant 24 constellations, et la division se faisant en 48 gurrhées ou heures, 48 pulls, 48 mimick, chaque constellation passerait au méridien en 2 heures exactement.

Page 486. « Chardin nous apprend que chez les « anciens Perses, l'année solaire était partagée *en* 24 « *mois*. Mais, ce qui est plus fort et plus décisif, c'est « que les Chinois ont conservé cette division même « chez eux, chaque signe est partagé en deux parties

« qu'ils appellent tsiéki, et dont le zodiaque entier en « contient 24. »

Page 487. « Les signes du zodiaque sont à peu près « semblables chez les Perses, les Arabes, les Syriens, « les Hébreux, etc. »

L'année primitive, chez tous ces peuples, a dû être de 24 périodes de 8 jours; puis la grande année a été de 48 périodes de 8 jours, ce qui est égal à 24 périodes de 16 jours; il a pu exister, chez certains peuples, une année de 12 périodes de 16 jours; les calendes chez les Romains, paraissent être des périodes ou mois de 16 jours, dont 12 périodes forment *également* une année de 192 jours ou 300 jours, sytème par 8.

Page 506. « Nous savons que les Chaldéens avaient « 24 constellations, 12 au nord de l'écliptique et au- « tant au midi. »

Page 507. « Chez les Egyptiens, les constellations « étaient au nombre de 48. »

Ces articles indiquent une origine commune; le zodiaque divisé en 12 parties, est la suite de l'ancienne division en 48, 24 ou 12 parties.

Astronomie moderne de Bailly, 1er volume, page 147. « Nous avons trouvé dans un ouvrage astronomique « de Shah Cholgins, traduit et publié à Londres, par « Gréaves en 1652, que la circonférence de la terre est « de 8000 parasanges; chaque parasange était de 3 mille. »

8000 parasanges de 3000 chaque, font 24,000 milles. Ceci à l'appui de la division de la circonférence en 24 ou 48 parties, n'importe la grandeur de ces parties qu'on a pu n'assigner qu'après.

Bailly établit que cette mesure de 24,000 milles, est la mesure de la terre, suivant *Ptolémée*. Il dit ensuite que, suivant Posidonius, la mesure de la terre était de 240,000 stades; c'est toujours le nombre 24 pour base de la circonférence. Il est remarquable que Posidonius a pris pour base de la mesure de la terre la 48me partie de la circonférence, et qu'il donne ensuite à cette grandeur 240,000 stades.

Page 160. « Carpin, moine et missionnaire, envoyé

« par le pape en Tartarie, dans le XIIIme siècle, trouva « sous les tentes de ces hordes ambulantes un pied, « qui est le même que la coudée du Caire et de Ba- « bylone : il est composé de 16 doigts, égaux aux 32 « doigts de cette coudée. Voilà donc le lieu de départ, « voilà le lien intermédiaire qui fut jadis le lien de « parenté entre les Chinois et les anciens Perses ou « Chaldéens : ces antiques mesures sont les témoins « d'une unité *primitive.* »

Page 269. « Les Chinois se servaient d'un gnomon de « 8 pieds pour observer dans toutes les saisons l'ombre « méridienne du soleil, et comme la constance en tout « est le caractère des Chinois, tous les gnomons eurent « *précisément* cette hauteur pendant 1500 ans, et jusqu'à « Cocheaie-King qui en éleva un de 40 pieds. »

Ces citations sont en faveur du nombre 8.

Je vais transcrire une citation établissant bien la division par 6, pour les objets de science.

3me volume des *Mémoires sur les Chinois*, Page 234.
« Che-Hoang-ti fit composer une espèce d'*arithmétique* « *sextile*, si je puis m'exprimer ainsi, *qui fut employée* « *dans l'astronomie*, pour les révolutions périodiques « des astres et des saisons ; *dans la géographie*, pour « *les mesures itinéraires*, la position et la distance réci- « proque des lieux ; *dans la géométrie*, pour l'arpentage ; « *dans l'arithmomancie*, pour le fondement sur lequel « devra s'appuyer l'art de la divination ; *dans la musi-* « *que* des grandes cérémonies, pour les tons primitifs « qui devaient en régler les modes ; *dans le commerce* « et les arts, *pour les différentes mesures de dimension* « *et de poids.* »

Ceci en faveur de la division du cercle en 6 fois 8.

Examen du Mémoire de M. JOMARD, *sur le système métrique des anciens Egyptiens, qu'il croit avoir été duodécimal.*

M. Jomard a examiné les diverses mesures anciennes et la grandeur des monuments, en y cherchant un rapport avec un calcul *duodécimal.* Je vais m'emparer de ces calculs pour les faire servir de preuves à l'existence du calcul *octoval*. Les rapports avec un calcul duodécimal peuvent être nombreux, le nombre 12 étant le quart de 48, 6 fois 8, base d'une division que j'ai établi être celle du cercle, et de tous les objets de science ; il est la moitié de 24 qui est trois fois 8 ; le nombre 6 moitié de 12 est le quart de 24 et le huitième de 48 ; de sorte que les multiples de 12 viennent dans les multiples de 8. Les deux principales mesures, le pied et la coudée, étant tantôt dans le rapport de 1 à 1 1/2, soit comme 8 est à 12, tantôt dans le rapport 1 à 2, peuvent être souvent invoquées à l'appui de ce que l'on avance, en prenant pour base l'une ou l'autre mesure.

Je vais établir les rapports des diverses mesures inscrites aux tableaux de M. Jomard qui dérivent toutes d'une base commune, un grain d'orge (1), pour aboutir à la grandeur de la terre, ou si l'on préfère, pour base la grandeur de la terre, pour descendre au grain d'orge. L'enchaînement de toutes les mesures suivant une même base sera établi, et le calcul par huit en acquerra une nouvelle sanction.

Je commencerai par l'examen de l'origine du pied romain (page 81), parce que c'est la recherche de cette origine qui me l'a fait trouver basée sur un calcul par 8, et qui m'a conduit aux autres résultats que j'exposerai. Si l'on multiplie la coudée Egyptienne 0,m4618 par 8 et le produit encore par 8, on a 29,m56 dont on a pris la 100e partie pour former le pied romain 0,m2956.

Je change la grandeur de la coudée du sanctuaire du temple de Jérusalem, j'en ramème le nombre à 16 coudées 2 fois 8, au lieu de 20 (sans changer la grandeur de ce sanctuaire), et je m'appuie pour la nouvelle estimation de la grandeur de cette coudée sur une meilleure interprétation du texte d'Ezéchiel.

J'établis que le pied de Pline devient le produit d'une multiplication par 8, soit que si l'on multiplie par 8 le pied formé de ma nouvelle coudée hébraïque, en comptant deux pieds pour une coudée, et que l'on di-

(1) En Chine, ce sont des grains de millet qui ont formé la base des mesures, il y a quatre mille ans. Ils est permis de voir dans ce fait une origine commune.

vise le produit par 10, on a la grandeur du pied de Pline 0,m2771.

Enfin j'établis ma démonstration de l'existence du calcul par 8 dans les temps anciens, par un grand nombre de citations, qui, par leurs combinaisons mathématiques et leur ensemble, deviennent des preuves.

M. Jomard forme un tableau des évaluations proposées pour la grandeur du pied romain, indiquant les valeurs les plus concordantes et les noms des auteurs qui les ont fixées, ainsi que l'origine de ces valeurs. Il dit qu'il est tellement reconnu des savants que le pied romain et le pied grec étaient dans le rapport de 24 à 25, qu'il regarde comme superflu d'en rapporter les preuves; qu'il se bornera à rechercher la valeur du pied grec, qu'il en retranchera une vingt-cinquième partie, que le reste devra, par conséquent, représenter le pied romain avec exactitude. Ceci est un fait, le pied romain est, par rapport au pied grec, comme 24 est à 25. Mais cela ne donne pas l'origine du pied romain, cette origine est inconnue (1). Je vais l'indiquer et la faire ressortir *d'un calcul par* 8. Il est mis suivant les tables des diverses mesures nos 4 et 10 :

« Petit plèthre	29,m56	Plèthe, *formé* de 10 pieds romains, valeurs moindres d'une 24e partie que celles du plèthre égyptien (Ce qui donne pour le pied romain 0,m2956).
« Grande acœne de Héron ou gasab	3, 6944	
« Orgyie	1, 847	
« Coudée	0, 4618	

Le petit plètre n'est point formé de 100 pieds romains, mais on a formé le pied romain de 0,m2956, du 100e du petit plèthre. Pous former le petit plèthre, j'ai multiplié par 8 la coudée égyptienne de 6 palmes 0,m4618, j'ai obtenu la grande acœne de Héron ou gasab (mentionnée ci-dessus) 3 mètres 6944. En multipliant encore ce produit par 8, j'ai obtenu le petit plè-

(1) M. Jomard dit, page 115 : Nous n'avons absolument aucune donnée sur l'origine du pied romain.

thre 29,^{m}56; donc le petit plèthre contient 8 fois 8 ou 64 coudées égyptiennes. Ce doit donc être le produit d'une multiplication ancienne par 8, 8 fois 8 ou 64, *c'est le cent ancien*, de même que 8 fois 64 ou 512, *c'est le mille ancien*.

Encore ici, comme pour les lignes des Chinois, j'avais pressenti le résultat avant de l'avoir trouvé.

En prenant pour base la coudée hachémique de 8 palmes, en la multipliant par 6, puis le produit par 8, soit la coudée hachémique multipliée par 48, j'ai le même résultat, le pléthre 29,^{m}56. En continuant de multiplier le pléthre par 6, j'amène le stade romain, puis ce produit par 8, soit le plèthre par 48, j'amène le mille romain 1418,^{m}88 ; non pas la mesure que les auteurs lui donnent, mais la mesure telle que je pense qu'elle doit être donnée (M. Jomard donne cette mesure pour 1477,^{m}87).

Le plèthre véritable est bien de 29,^{m}56, celui que l'on appelle le grand plèthre composé de 100 pieds grecs : 30,^{m}80 n'est pas un plèthre proprement dit.

Je devrais passer ici à la coudée hébraïque du sanctuaire, mais je préfère suivre l'ordre qui m'a conduit aux résultats que j'expose. Avant d'établir les rapports des mesures anciennes, je dois parler du Feddam.

Il est mis, page 99, que le feddam est une mesure agraire des Egyptiens modernes, que c'est un carré de 77 mètres, qu'en répétant trois fois en carré le côté du feddam, on a 9 carrés ou 9 feddam, qu'il est remarquable que cette surface est composée 9 fois dans la base carrée de la grande pyramide.

Ceci m'a fait voir une analogie frappante avec la mesure la plus ancienne connue, on la voit apparaître en Chine dans les temps les plus reculés : c'est un carré de terre dont les côtés sont divisés en trois parties comme dans la figure ci-contre, formant 9 *carrés*; c'était pour 8 familles, le carré du milieu devant être cultivé en commun pour le chef du gouvernement ; enfin *le feddam* égyptien est la représentation des figures

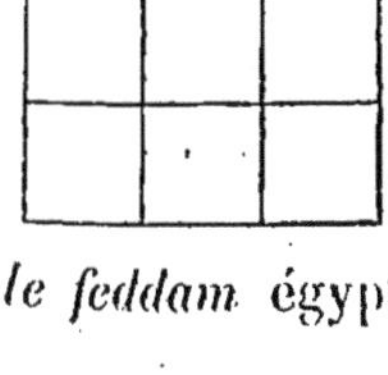

Chinoises *Ho-tou* et *Lo-chou* dont j'ai parlé, et cela vient confirmer que ces deux figures sont en 8 et 9 compartiments.

Le feddam, dans l'origine, pouvait ne pas être une mesure déterminée ; on donnait ce nom à tout carré de terre divisé en 9 parties. Par la suite, la forme de la division du feddam a pu varier. Pour ne pas cultiver le carré du milieu en commun, on a pu diviser le feddam en 8 parties, dont chacune des 8 familles rendait le neuvième au prince. La division a pu se faire comme dans le carré ci-dessous (fig. 1) ; ou bien encore, et principalement en Egypte, où les terres bordent le Nil, on a pu diviser les terres par bandes comme ci-dessus (figure 2).

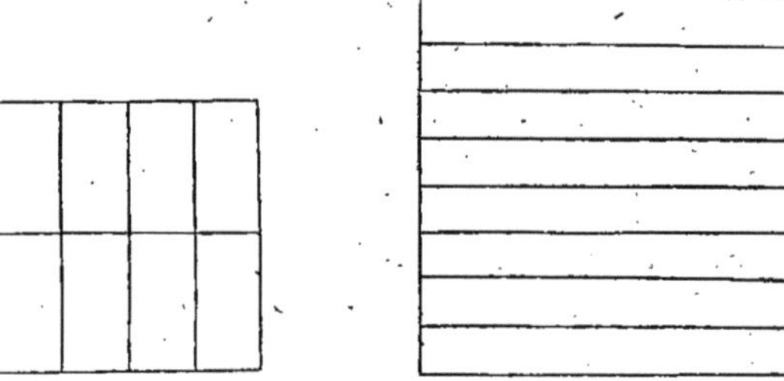
Figure 1. Figure. 2.

Page 99. Il est mis que le feddam se divise en 24 parties appelées gyrat, que cette division ne répond pas à un nombre rond de cannes carrées.

Voici comment on peut entendre cet article : on divise d'abord le côté d'un feddam en trois parties, et chacune de ces 3 parties en 8, ce qui fait le feddam 24 sur 24, soit en 576 parties carrées ; ce nombre 576 est *précisément* égal à 9 fois 64, ou *aux* 9 *cents arpents de la Chine*. 64, système par 8, formant un 100. Chacun des 9 petits carrés sera de 64 mesures carrées ou 100 arpents, ce qui est la suite des figures Ho-tou et Lo-chou.

Je vais intituler chaque article du nom de l'espèce de coudée, parce que le nom de la coudée varie dans chaque catégorie, et que les noms qui en dérivent sont les mêmes.

Je commence par la coudée hachémique, parce que la multiplication et la division par 8 et par 3 qui sont le *type* pour les mesures, poids, monnaies, etc., y sont bien caractérisées.

Grande coudée de Héron, coudée hachémique, ou cousique, ancienne coudée arabe, royale, des rois de Perse 0,m6157.	
Largeur d'un grain d'orge, herdéolum (1).	0,m00321
8 fois un grain d'orge forment a, q, d, nœud (2), mesure d'après Héron et d'autres auteurs	0, 02567
3 fois a, q, d, (24 grains d'orge) forment un palme arabe égyptien, (galdos) ou 4 doigts	0, 077
8 palmes forment une coudée hachémique	0, 6157
3 coudées (24 palmes), forment une orgyie géométrique (3)	1, 8472
8 orgyies (ou 24 coudées), forment une mesure perdue, (j'appelle mesure perdue toute mesure que j'indique non marquée aux tableaux)	14, 778
3 mesures perdues forment une mesure perdue	44, 334
En multipliant l'orgyie par 8, j'ai amené 14,m778.	

Je n'ai pas trouvé aux trableaux une mesure de ce nombre, mais, bien loin que ce soit contre ce que j'avance, cela vient à l'appui, car je vais établir que cette

(1) Herdéolum, le grain d'orge se divise en six parties; la sixième partie, largeur d'un crin de cheval ou du chameau, est de 0,m000,535.

(2) En Chine, on avait des cordelettes avec des nœuds; cela veut-il dire qu'un nœud vaut 8? Je vois au *Dictionnaire de l'Encyclopédie* que la tige de cette plante est divisée en huit nœuds. Serait-ce cette raison qui aurait fait choisir cette base du grain d'orge pour la mesure? Pourquoi ensuite huit grains d'orge? c'est parce que l'on comptait par 8. Si on avait compté par 10, on aurait pris 10 grains d'orge.

(3) Ce surnom de géométrique lui vient sans doute de ce qu'elle est formée de 3 fois 8 (ou 24 palmes), division adoptée par les savants.

mesure a existé. On ne trouve pas cette mesure aux tableaux, mais on trouve des mesures 10 fois, 100 fois plus grandes, et 10 fois plus petites; ce sont des nouvelles mesures formées des anciennes, lorsque l'on a compté par 10, ou des mesures conclues par M. Jomard et autres.

On trouve donc :

10	fois plus grand, stade babylonien et hébraïque, stade chaldéen, persan, asiatique, de 10 au mille romain	147,m78
100	fois plus grand, mille romain, mille des itinéraires et des militaires, mille des auteurs latins	1477, 87
10	fois plus petit, pas romain, pas géométrique des arpenteurs, pas double	1, 478

Outre la multiplication par 8, il doit exister des mesures intermédiaires, augmentant ou diminuant par fraction de huitième; la plupart existent aux tableaux, ou au moins leur multiple par 10, ce qui établit encore que la numération par 8 existait, et qu'elle a été remplacée par une numération par 10.

Ainsi je dois trouver la moitié de la mesure perdue, composée de 8 orgyies, soit la moitié de 14,m778, ce qui me donne 7,m389.

Je ne trouve pas cette mesure, mais je trouve :
100 fois plus grand, hippicon, longueur de l'hippodrome attribuée à Romulus, Circus, Equestrus 738,m88.

Je reprends le palme 0,m077, que j'ai multiplié par 8, pour former la coudée hachémique 0,m6157.

Je vais chercher les mesures intermédiaires divisées en huitièmes : 2 palmes, ou

2	huitèmes	0,m1539,	c'est le dichas, mesure antique de Héron, appelée aussi lichas, de l'extrémité du pouce à celle de l'index, la main ouverte.
3	idem	0, 2309,	Chebr spitame, mesure égale à la demi-coudée égyptienne.
4	id.	0, 3079,	pied antique égyptien et grec,

pied philétérien, royal, ptolémaïque, alexandrin, arabe; mesure antique, d'après Hérodote, Hygin, Héron.

5 huitièmes 0,m3849, le pygon.
6 id. 0, 4618, coudée commune égyptienne.
7 id. 0, 5588, coudée du nilomètre de Méqyâs.
8 id. 0, 6157, coudée hachémique.

Des mesures originaires de la numération par 8, je pourrai tirer l'origine de plusieurs mesures que j'appelle nouvelles, parce qu'elles sont d'origine de la numération par 10. J'y reviendrai : auparavant je vais établir la filiation des coudées, pour en tirer des conséquences à l'appui de ce que j'avance.

De la coudée hachémique de 8 palmes, on peut former :

des 7/8es, la coudée du nilomètre de Méqyâs, 0,m5388,
des 6/8es, la coudée commune Egyptienne, 0, 4618,
des 6/8es, plus 6/64, la coudée noire, 0, 5196,
des 7/8es, plus 4/64, la coudée pyc bélady, 0, 5773,
des 8/8es, plus 6/64, la coudée pyc stambouly, 0, 6740.

« Coudée égyptienne, coudée des Grecs, d'Hérodote; « coudée de Samos, coudée commune, de Moïse, d'Ézéchiel, des Hébreux; coudée virile de la Bible; coudée « des Babyloniens et des Chaldéens; coudée des Arabes, « dite nouvelle, juste médiocre, mesure ancienne de « Héron; coudée vulgaire, *petite coudée*, etc., composée « de 6/8es de la coudée hachémique, ou de 6 palmes, « 0,m4618. »

J'ai commencé la coudée hachémique au grain d'orge, en le multipliant par 8 et par 3 alternativement; la coudée égytienne commence également au grain d'orge, mais la multiplication ne suit plus le même ordre régulier.

Largeur d'un grain d'orge, herdéolum 8,m00321
6 fois un grain d'orge, formant un doigt égyptien, arabe, grec 0, 01925
4 doigts forment un palme 0, 077

3	palmes forment une spitame	0,m02309
4	palmes forment un pied égyptien	0, 308
2	spitames ou 6 palmes, un pied et demi, forment une coudée égyptienne	0, 4618
4	coudées forment une orgyie.	1, 847
8	coudées ou 2 orgyies forment un gasab	3, 694
8	gasabs forment un plèthre	29, 56

On revient aux mêmes nombres, pour les mêmes mesures que celles que j'ai mentionnées sous le titre de la coudée hachémique, excepté la mesure de cette coudée même qui est composée de 8 palmes ou 8/8es, tandis que la coudée égyptienne n'est composée que de 6 palmes ou 6/8es. Si, à l'article de la coudée hachémique, pour former un palme, j'ai multiplié le grain d'orge par 8, puis le produit par 3, ce qui fait le grain d'orge multiplié par 24; à l'article présent de la coudée égyptienne, j'ai multiplié le grain d'orge par 6 pour former un doigt, puis ce produit par 4, ce qui fait également le grain d'orge multiplié par 24; donc, le palme hachémique et le palme égyptien sont la même mesure; il en est de même du palme des autres coudées.

Coudée hébraïque légale du sanctuaire, donné (page 87) par Gréaves, Fréret, Bailly, Paucton, et presque tous les critiques, pour 0,m5542,
suivant ma nouvelle base, elle est de. 0, 6927.

On a vu que toutes les mesures de coudées précédentes sont composées de huitièmes ou de huitièmes de huitième d'une même coudée; cet accord remarquable ne se retrouve plus dans la mesure de la coudée hébraïque, telle qu'elle nous est transmise. Cependant, son titre de coudée légale du sanctuaire de Jérusalem me donnait le désir de connaître l'origine de cette coudée, et même de trouver cette origine par une application du calcul par 8. Soit de trouver pour la grandeur du sanctuaire 16 *coudées ou* 2 *fois* 8, *au lieu de* 20 ou 2 fois 10, qu'on lui assigne; et c'est, en effet, ce que j'ai trouvé.

En divisant par 16, 11,084, produit de la multiplication par 20 de 0,m5542, grandeur admise de la coudée hébraique, j'ai eu, pour la grandeur d'une coudée, 0,m6927. Ce nombre fait *précisément* neuf *huitièmes* de la coudée hachémique ou 9 *palmes*, ou *la coudée hachémique* plus *un palme*. Cette mesure rentre dans la classe de toutes les autres coudées, et, ce qui est remarquable pour l'appréciation du fait que j'avance, c'est que cette grandeur de coudée se déduit et ressort en même temps d'une meilleure interprétation du texte d'Ézéchiel.

M. Jomard dit (page 254) que ce texte porte, que la coudée *de l'autel* était *d'une coudée et un palme*; en ajoutant un palme à la coudée hachémique de 8 palmes, j'ai la coudée de l'autel de 9 palmes, conforme au texte d'Ézéchiel. On aurait, en ajoutant un palme à la coudée commune, égyptienne et hébraïque, une coudée de 7 palmes, soit 0,m5388. Cependant, M. Jomard adopte pour la mesure de la coudée légale, comme Gréaves, Fréret, Bailly, Pancton, etc., 0,m5542. Pourquoi cette différence? je dois croire que c'est parce que 20 fois 0,m5388 n'aurait pas donné la grandeur du sanctuaire.

Voici copie d'un article de la page 265.

« J'ai cité plus haut, dit M. Jomard (page 254), à pro-
« pos du palme, un précieux passage d'Ézéchiel, en
« gobte, duquel on peut conclure la valeur de la canne.
« Cette valeur diffère beaucoup du sens que donne la
« Vulgate; sens d'après lequel j'ai proposé pour la canne
« d'Ézéchiel une évaluation de 0,m417. La Vulgate s'ex-
« prime ainsi : *et in manu viri, calamus mensuræ, sex*
« *cubitorum et palma*, etc., ce qui signifierait que la
« canne vaut 6 coudées plus un palme, ou 37 palmes
« de la coudée hébraïque. Mais voici le gobte, traduit
« littéralement : *et erat in manu viri arundinem* (*arundo*)
« *mesuræ, continebat sex cubitas, per cubitum cum pal-*
« *mo*. Ainsi, cette mesure de canne était de 6 coudées,
« chacune *d'une coudée et un palme*. Il faut donc aban-
« donner le sens de la Vulgate. Puisque le prophète
« parle de grandes coudées, il est extrêmement vrai-
« semblable que la moindre à laquelle il les compare
« est la coudée commune, égyptienne et hébraïque, de
« de 0,m4618. Mais ici, il se présente deux solutions :

« dans la première, on regardera l'exès d'une mesure « sur l'autre comme un palme commun; dans la se- « conde, comme un palme hébraïque. Au premier cas, « la canne sera égale à $6 \times [6+1] = 42$ palmes ordi- « naires, ou 3,^{m}234. Cette mesure serait justement de « 6 coudées de Méqyâs $= 6 \times 0,^{m}539$: mais est-il à pré- « sumer que cette coudée était celle dont le prophète « voulait parler.

« Au second cas, la canne d'Ézéchiel sera « $= 6 \times [0,^{m}4618 + 0,^{m}0924] = 3,^{m}326$, c'est-à-dire pré- « cisément 6 coudées hébraïques légales ou du sanc- « tuaire; et comme il s'agit, dans ce chapitre et les sui- « vants, des mesures du temple, il est assez naturel de « penser que la canne d'Ézéchiel, de 6 coudées, est for- « mée de la coudée hébraïque légale. Cette explication, « vers laquelle j'incline, comme étant la plus vraisem- « blable, a l'avantage de ne point créer une mesure de « plus. Ainsi la canne d'Ézéchiel se confondrait avec la « canne hébraïque elle-même de 3,^{m}326. »

Je n'ai pas fait cette citation pour ce qui a rapport à la canne hébraïque, mais pour ce qui a rapport à la coudée hébraïque du sanctuaire. Cette citation vient à l'appui de ce que j'avance. M. Jomard dit positivement que le texte porte : *chacune d'une coudée et un palme*, et s'il opine pour la coudée de 0,^{m}5542, c'est parce qu'il l'a trouvée établie ainsi avant lui; mais les éclaircissements qu'il donne, je les invoque en faveur de ma coudée de 9 palmes.

M. Jomard dit : Puisque le prophète parle de grandes coudées, il est extrêmement vraisemblable que la moindre à laquelle il les compare est la coudée commune, égyptienne et hébraïque, de 0,^{m}4618. D'après ce raisonnement, M. Jomard aurait dû faire la coudée du sanctuaire de 7 palmes, comme la coudée de Méqyâs, soit de 0,^{m}5388. Mais alors j'objecterai que la coudée de Méqyâs ne serait pas encore une grande coudée. La Vulgate ajoute au mot *cubito* celui *verissimo;* ce mot au superlatif présente une idée de coudée par excellence, coudée la plus grande.

M. Jomard, après avoir dit que la coudée hébraïque

légale est d'une coudée et un palme, fait une distinction; il n'ajoute pas un palme à une coudée quelconque, ce qui est cependant le vrai sens d'après sa traduction; mais il ajoute le 5e de la coudée commune, égyptienne et hébraïque, soit 0,m0924, à cette même coudée commune 0,m4618, qui est de 6 palmes, et il arrive ainsi au nombre connu de la coudée légale 0,m5542. Ce 5e ajouté devient le 6e de la coudée légale du sanctuaire qu'il adopte; et comme le 6e de la coudée commune, égyptienne et hébraïque, est un palme, 0,m077, M. Jomard est amené à appeler aussi palme, le 6e de la coudée légale, 0,m0924, pour, par ce mécanisme des nombres, se mettre d'accord avec le texte d'Ézéchiel. La grandeur du palme ne change pas avec la grandeur des diverses coudées, c'est le 6e de la coudée commune égyptienne, parce que cette coudée est de 6 palmes; c'est le 7e de la coudée de Méqyâs, parce que cette coudée est de 7 palmes; c'est le 8e de la coudée hachémique, parce que cette coudée est de 8 palmes c'est toujours le même palme.

Mais pourquoi a-t-on formé la coudée de l'autel de une coudée et un palme, on ne le dit pas, et, en se renfermant dans le texte d'Ézéchiel, il n'est pas facile d'en trouver la raison. Cependant, en réfléchissant un peu, en prenant une autre voie, on arrive sans effort à une explication toute naturelle. On sait que le nombre 3 est un nombre fameux dans la haute antiquité, c'est un nombre sacré; en Chine, on en a formé un trycicle qui s'est répandu dans toute l'Asie. Une des figures Ho-tou et Lo-chou est de 3 fois 3 ou de 9 compartiments. Il est assez probable que de ce nombre 3 palmes, on a fait une nouvelle mesure sacrée, de 3 fois 3 ou de 9 palmes, qui a pris le nom de coudée de l'autel, soit coudée sacrée. Ezéchiel, pour en désigner la grandeur, a dit une coudée et un palme, nombre répondant à 9 palmes. Il n'en connaissait sans doute pas lui-même l'origine.

Voici une citation qui établit bien que l'on a traduit 16 par 20.

Ézéchiel, chapitre XL.

Verset 48. « Il me fit entrer dans le *vestibule* du « Temple et il mesura l'entrée qui avait 5 coudées « d'un côté et 5 coudées de l'autre, et la largeur de la « porte qui avait 3 coudées d'un côté et 3 coudées de « l'autre. »

Verset 49. « Le vestibule avait 20 coudées de long « et 11 de large. »

Ainsi, verset 48, on voit que la longueur du vestibule se compose de 2 fois 5 coudées pour le mur de chaque côté de la porte, et de 2 fois 3 coudées pour les portes elles-mêmes, total 16 coudées; et au verset suivant 49, on marque la longueur du vestibule pour 20 coudées, c'est une preuve que l'on a traduit dans ce verset 16 par 20, et un indice que l'on a fait la même chose pour la grandeur du Temple, en traduisant également 16 par 20. On sait que le vestibule et le sanctuaire sont de même mesure, la longueur du vestibule étant la même que la longueur ou la largeur du sanctuaire qui était carré.

Je vais examiner la nouvelle coudée hébraïque du sanctuaire dans ses divers rapports.

Si l'on considérait la nouvelle coudée hébraïque de 9 palmes 0,m6927, comme composée d'un pied et demi, ce qui ferait pour le pied la même mesure que la petite coudée hébraïque, cette coudée étant égale à la coudée égyptienne de 6 palmes, le plètre de 29,m56 que j'ai formé de 64 coudées égyptiennes, pourrait être un plèthre de 64 pieds hébraïques, et le pied romain pourrait devoir son origine à la mesure hébraïque au lieu de la devoir au plèthre égyptien, ce serait le petit plèthre hébraïque. Ce point acquerra quelque consistance par ce que je dirai plus avant du grand plèthre héraïque.

Si l'on considérait ma nouvelle coudée hébraïque comme composée de 2 pieds, j'amène pour un pied soit pour une demi-coudée 0,m3463 (Héron appelle pygmée une mesure de cette grandeur, page 255). En multipliant ce nombre par 8, j'amène 2,m771, dont la dixième partie forme *le pied de Pline*. Ainsi, le pied romain et le pied de Pline pourraient venir d'une même origine par 8. Le premier serait les centième de 64 petites coudées hébraïques, le second serait le dixième de 8 demi-grandes coudées hébraïques ou de 8 pieds hébraïques, en comptant deux pieds pour une coudée.

On peut remarquer qu'en multipliant ma nouvelle coudée hébraïque de 9 palmes 0,m6927 par 8, j'amène 5,m542, nombre qui fait précisément 10 coudées hébraïques telles qu'elles sont connues, on en aura pris le dixième au lieu du huitième pour former la coudée hébraïque de 0,m5542 telle que les auteurs la donnent. On a traduit les chiffres 8 par 10, 2 fois 8 ou 16 par 20, c'est une preuve que l'on comptait anciennement chez les Hébreux par périodes de 8.

On vient de voir qu'en multipliant la nouvelle coudée par 8, j'ai obtenu 5,m542 ; si je multiplie encore ce nombre par 8, ce qui fait la nouvelle coudée par 64, j'amène 44,m33, soit la mesure que j'appellerai le grand plèthre hébraïque de 64 coudées. Cette mesure a existé, et la preuve, c'est qu'aux tableaux de M. Jomard, je trouve : 100 fois plus grand, parasange persane, parasange proprement dite, *parasange hébraïque*, origine de la lieue commune de 25 au degré.....

24 minutes de degré.............	4432,m32
100 fois plus petit, *coudée romaine*..	0, 4433

Je ferai remarquer que la coudée romaine 0,m4433 est la 100e partie de 64 grandes coudées hébraïques du sanctuaire, comme le pied romain est la 100e partie de 64 coudées ordinaires hébraïques et égyptiennes. Ce rapport extraordinaire doit achever de convaincre ceux qui auraient conservé quelques doutes sur l'origine des mesures romaines.

En multipliant la demi-coudée hébraïque 0,3463 par 8, j'ai obtenu 2,m771 (10 pieds de Pline.) En multipliant encore ce produit par 8, j'amène 22,m168. Je trouve cette mesure aux tableaux, soit :

Schœne des prés, mesure de Héron	22,m167
10 fois plus grand, ghalouah arabe, stade de Ptolémée adopté par les Arabes, stade de Martin de Tyr	221, 666
100 fois plus grand, dolichos, mesure	

antique, d'après Héron et saint Epiphane 2216,m66

100 fois plus petit, mesure romaine, linéaire, spitame 0, 2217

En prenant le tiers de ma nouvelle coudée hébraïque de 9 palmes, j'ai 3 palmes 0,m2309, nombre qui est la spitame de la coudée égyptienne et hébraïque, mais c'est aussi, comme je l'ai déjà dit, une mesure antique nommée *palmus major*, la plus grande palme. Cette mesure multipliée par 8 donne l'orgyie géométrique, orgyie juste d'Hérodote :

Ulna altona arabe 1,m8472

Cette mesure multipliée par 10, donne le schœnum des terres labourées, amma, ancienne mesure d'après Héron 18, 472

Par 100, le stade égyptien, le même que le stade grec, romain dit olympique, apothème de la grande pyramide de Memphis 184, 72

Par 1000, mille égyptien, mille hachémique, mille arabe, mille marin, anglais, etc. 1847, 22

En multipliant par *huit* l'orgyie géométrique, 1,m847, j'amène 14,m778 qui, multiplié par 10 et par 100, donne des mesures dont j'ai déjà parlé à l'article de la coudée hachémique, soit le stade *hébraïque*, babylonien, chaldéen, persan, asiatique, le mille romain, mille des itinéraires et des militaires.

Si je double ma nouvelle coudée hébraïque, j'obtiens le xilion, mesure d'après Héron 1,m3854

Mille fois plus grand, million d'après Pline, Plutarque, Héron et Julien l'architecte 1385, 41

En multipliant le xilion ou la mesure de 2 coudées hébraïques par 8, j'ai 11,m0832.

On voit aux tableaux :

Le 10e pas du mille hébraïque 1,m108

100 fois plus grand, mille hébraïque 1108, 33

1000 fois plus grand, grand schœne égyptien, schœne au-dessus de Memphis, schœne major... 6 minutes 11083,296

10000 fois plus grand, moipa, 6 degrès 110832, 96

La mesure de 6 palmes 0, 4618 est en même temps la coudée égyptienne, la petite coudée hébraïque et le pied hébraïque formé de ma grande coudée hébraïque; en multipliant cette mesure par 8, on a 3,m694.

On voit aux tableaux cette mesure sous le nom de grande acœne de Héron, canne achémique ou gasab, acœne égale à une double orgyie d'après un passage de Héron 3,m694

10 fois plus grand, asla, mesure d'origine persane (suivant Ed. Bernard). 36, 944

10000 fois plus grand, stathmos, marhala mansion arabe, hébraïque 36944, 3

Coudée romaine	0,m4434
Pied romain	0, 2956
Pied de Pline, 1/16 plus petit	0, 2771
Pied italique de Héron, 1/8 plus petit	0, 2566
Pied philétérien, le 1/10 de 8 coudées romaines	0, 3547

Si l'on multiplie la coudée romaine par 8, on a 3m,5472.

On voit aux tableaux que le petit côté du jugère romain rectangle de 120 pieds sur 240, est 10 fois plus grand, soit 35,m472.

Cette grandeur du petit côté correspond à 100 pieds philétériens, comme on va le voir par l'article suivant.

M. Jomard dit, page 136 :

« Héron donne un rapport du mille itinéraire de « son temps avec les mesures de pied, philétérienne « et italique, en disant que 4500 pieds philétériens sont « égaux à 500 pieds du mille et à 5400 pieds italiques. « Si l'on voulait que le pied italique fut le pied romain, « le philétérien prendrait une valeur de 0, 3547, grandeur tout à fait inadmissible. »

Je viens de multiplier la coudée romaine 0,m4434 par 8, j'ai obtenu 3,m5472, *le dixième* fait 0,m3547, grandeur du pied philétérien.

La proportion mentionnée par Héron de 4500 pieds philétériens pour 5400 pieds italiques, est la même que celle des 120 pieds du petit côté du jugère, égalant 100 pieds philétériens. Le pied philétérien paraît donc bien être de 0,m3547 et serait encore le produit d'une multiplication par 8, divisé par 10.

En multipliant un grain d'orge 0,m00321 par 8, j'ai 0,m02566. 10 fois plus grand, on a le pied italique de Héron, 0,m2566.

Je reviens au plèthre que j'ai formé de 64 coudées. Je trouve dans l'ouvrage même de M. Jomard une citation établissant que le plèthre dans l'antiquité était bien de 64 coudées (96 pieds) comme je l'ai formé. C'est le plèthre véritable, celui de 100 pieds 30,m8, n'existait pas. C'est un plèthre de nouvelle formation comme bien d'autres mesures. On a pensé que le plèthre devait avoir 100 pieds. M. Jomard dit qu'il a fait de vaines recherches dans tous les étymologistes pour découvrir l'origine de ce mot. Il est probable que ce mot voulait dire une série de cent ancien, c'est-à-dire une série composée de 64 unités pour l'usage ordinaire; (pour les savants ce devait être 6 fois 8 ou 48). Ainsi on a traduit la série de 8 par 10, celle de 64 par 100, celle de 8 fois 64 ou 512 par 1000, etc.

Saint Epiphane ne s'est pas trompé, comme le pense M. Jomard, sur la valeur du plèthre ; il le donne pour 64 *coudées*, 96 *pieds*. Voici copie de l'article de M. Jomard :

Page 122. « On trouve dans la collection d'opuscu-
« les grecs publiés par Lemoine, sous le nom de *varia*
« *sacra*, un fragment curieux, attribué à saint Epiphane,
« qui a pour titre : *de quantitate mensurarum*. Ce frag-
« ment donne les rapports de seize mesures différen-
« tes. Saint Epiphane *était instruit* sur les mesures égyp-
« tiennes ; il a écrit un traité spécial *de ponderibus et*
« *mensuris*, où les mesures de capacité des Egyptiens
« prennent une grande part ; le fragment qui nous

« occupe est d'un haut intérêt, en ce qu'il donne pré-
« cisément les mêmes rapports qu'Hérodote, Héron,
« et tous les anciens auteurs. Deux mesures seule-
« ment paraissent s'écarter de l'accord général; sa-
« voir : *le plèthre*, qui s'y trouve de 96 *pieds*, au lieu
« de 100, etc.

« Quand au plèthre, qui ne prend ici que 96 pieds,
« c'est une difficulté aisée à lever; car 96 pieds égyp-
« tiens font justement 100 pieds romains. L'auteur du
« fragment a confondu les deux pieds; mais il a été
« conséquent dans les valeurs données à ce même
« plèthre, en orgyies, bèma, coudées, pieds, spitames,
« etc, qui sont très-exactes en tant que relatives à une
« mesure de 100 pieds romains; il ne faut que les aug-
« menter dans le rapport de 96 à 100 ou de 1/24, pour
« voir reparaître tous les rapports connus entre le
« plèthre et ces diverses mesures.

« Cette simple analyse explique parfaitement la va-
« leur du plèthre exprimée par 38 *bèma* 2/5, nombre
« rompu qui pourrait passer pour altéré. Le plèthre
« ordinaire vaut 40 bèma; et l'on a en effet 40, en
« ajoutant 1/24 à ce nombre fractionnaire (38 2/5
(1 + 1/24) = 40). »

Il n'y a pas d'erreur dans saint Epiphane: l'auteur n'a pas confondu les deux pieds, il fait l'énumération de toutes les mesures égyptiennes, il parle du pied égyptien. Le plèthre égale bien 38 bèma 2/5, ce nombre est exact, et non celui 40 bèma, nombre erroné; ce nombre 38 bèma 2/5 qui paraît un nombre fractionnaire, ne l'est pas, si l'on considère qu'il est égal à 10 palmes, suivant les tableaux de M. Jomard. Le plèthre est de 6 fois 64 palmes, soit de 384 palmes (nombre correspondant à 600 système par 8); le bèma étant égal à 10 palmes, 38 bèma 4/10 multipliés par 10, font 384 palmes ou un plèthre.

Page 184. « On peut remarquer que 8 stades égyp-
« tiens de 600 au degré font *juste* autant que 10 stades
« hébraïques de la mesure de Joseph, d'où l'on pour-
« rait inférer que celui-ci a *transformé* une mesure
« ancienne. »

Cet article de M. Jomard équivaut à celui de la mesure de 16 coudées du sanctuaire du Temple de Jérusalem que l'on a transformé en 20 coudées.

De l'Orgyie.

M. Jomard, Page 262 :

« J'ai déjà dit quelque chose de l'origine de la mesure « appelée orgyie, mesure *très-ancienne* en Egypte. Les « étymologistes se sont efforcés de faire dériver son « nom de la langue grecque : ils s'accordent à dire que « c'est la longueur des bras étendus, mesurée d'une « main à l'autre. Suidas et J. Pollux, ne donnent point « l'étymologie du mot. Hésychius le tire απο του τα γυια « μετσειν : l'étymologicum magnum, παρα το ορηγειν και εκτεινεεν « τα γυια, ο εστι χειρας. Quelque peu justes que me paraissent « ces étymologies, afin de les apprécier, j'ai examiné « les divers sens du mot γυια et des analogues. « Ce mot, dans Suidas, indique les membres : μελη · η « ποδες του σωματος. C'est à peu près la même chose dans « Hésychius : μελη χειρας και ποδες και τα λοιπα. Le même « explique le mot γυη par μεθρον πλεθρου, mal à propos « corrigé par le commentateur, puisque, si le mot signifie « *pied* dans cet endroit, *c'est avec raison que l'étymologiste « l'appelait la mesure du plèthre qui renferme « en effet* 100 *pieds*. Hésychius explique : γυης, μεθρον γης : « on disait διγυον και πεντηκοντογυον. Ainsi ce mot désignait « non-seulement le pied humain, mais le pied de mesure. »

C'est avec raison, est-il mis, que l'étymologiste appelle l'orgyie *la mesure du plèthre,* qui renferme en effet 100 pieds. Mais, suivant ma nouvelle définition du plèthre, il ne renfermait pas 100 pieds : puis, l'orgyie géométrique ne pourrait même pas être la mesure de plèthre s'il contenait 100 pieds, parce que l'orgyie étant de 6 pieds ne peut pas être contenue un certain nombre de fois dans 100 pieds, *numération par* 10. Mais l'étymologiste *a raison* d'appeler l'orgyie la mesure du plèthre, puisque l'orgyie géométrique est contenue 16 fois dans un plèthre de 96 pieds, soit qu'on considère le plèthre comme composé de 96 pieds de 4 palmes ou de 48 coudées de 8 palmes.

Si l'on veut se donner la peine de réfléchir sur cet article, il est de nature à établir que le plèthre n'est pas de 100 pieds, ni composé d'aucune mesure du nombre de 100.

M. Jomard, page 192.

« Le feddam *ancien* avait 3794,m56. *Le nouveau* en « a 5929. Ils sont entre eux comme 16 est à 25. »

Ainsi M. Jomard reconnaît lui-même que le feddam ancien était par rapport au nouveau dans la proportion des nombres 16 et 25. C'est comme s'il disait que le feddam ancien était par rapport au nouveau dans la proportion de 64 à 100. L'ancien feddam serait donc le produit de l'ancienne numération, 8 fois 8, soit 64 *le cent ancien;* et le nouveau serait le produit de la nouvelle numération, 10 fois 10, soit 100, *le cent nouveau*. Cette citation est une des meilleures que j'aurai empruntées à M. Jomard en faveur de la numération octovale dans l'antiquité.

Grecs.

On suppose que les chiffres proviennent des lettres; je pense que l'on a inventé les chiffres avant les lettres, c'est-à-dire que les lettres proviennent des chiffres.

On dit qu'il n'y avait d'abord que 16 lettres, puis, que l'on en a inventé jusqu'au nombre de 24. Il me paraîtrait plus exact que l'on dise, qu'il y avait d'abord 16 chiffres, et qu'on y a ensuite ajouté une série de 8 chiffres, total 24. Ceci ressortira de l'examen de l'alphabet grec, et il en ressortira aussi *la preuve* que l'on a intercalé des signes à ces lettres, lorsque, de la numération par 8, on est passé à la numération par 10 :

Voici copie du tableau nº 1 se trouvant à la fin du dictionnaire grec par C. Alexandre. J'ajoute en regard des chiffres grecs, les lettres françaises qui y correspondent.

Numération des Grecs.

« Les Grecs employaient pour chiffes les 24 lettres

« de l'alphabet sans en changer l'ordre, *mais en y intercalant trois signes particuliers*, le ϛ' qui valait 6, et s'appelait επισημον Fαυ ou simplement επισήμον; c'est primitivement le van des Hébreux et des Phéniciens, identique avec le digamma des Eoliens et l'f des Latins. Le ϟ ou ϙ' qui valait 90 et s'appelait κοππα, primitivement le copk des Hébreux et des Phéniciens, le 9 des Latins; enfin le ϡ qui valait 900 et s'appelait σαμπι à cause de sa forme (σαν ou σιγμα, πι) originairement les σιν des Hébreux et des Phéniciens. »

Voici la valeur des lettres employées comme chiffres :

NOMBRES	LETTRES			NOMBRES	LETTRES			NOMBRES	LETTRES		
1	A	α'	a	10	I	ι'	i	100	P	ρ'	r
2	B	β'	b	20	K	κ'	c et k	200	Σ	σ'	s
3	Γ	γ'	g	30	Λ	λ'	l	300	T	τ'	t
4	Δ	δ'	d	40	M	μ'	m	400	Υ	υ'	u
5	E	ε'	e bref	50	N	ν'	n	500	Φ	φ'	ph
6		ϛ'		60	Ξ	ξ'	x	600	X	χ'	ch
7	Z	ζ'	z	70	O	ο'	o bref	700	Ψ	ψ'	ps
8	H	η'	e long	80	Π	π'	p	800	Ω	ω'	o long
9	Θ	θ'	th	90		ϟ ou ϙ'		900		ϡ'	

« Avec ces vingt-sept caractères, surmontés comme on le voit, d'un accent à droite, ils pouvaient exprimer tous les nombres jusqu'à 999. Exemple : 11, ια'. 12, ιβ'. 13, ιγ'..... 21, κα'. 22, κβ'. 23, κγ'..... 101, ρα'. 102, ρβ'. 103, ργ'..... 110, ρι'. 111, ρια'. 112, ριβ'..... 990, ϡϟ'. 991, ϡϟα'. 992, ϡϟβ'..... 999, ϡϟθ'. Arrivés là, ils employaient ensuite, pour exprimer les mille, dizaines et centaines de mille, *les mêmes lettres* et dans le même rapport que pour exprimer les unités, dizaines et centaines d'unités. Seulement, pour distinguer leur nouvel emploi, on marquait ces lettres d'un iota souscrit à gauche. Ainsi, ͵α signifiait 1000; ͵β, 2000; ͵γ, 3000; ͵δ, 4000, et ainsi de suite, jusqu'à ͵ϡ, qui valait 900000. Et l'on pouvait écrire ainsi tous les nombres jusqu'à 999999 ou ͵ϡ͵ϟ͵θϡϟθ'. Mais ordinairement on s'arrêtait à 100000 ou ͵ρ. A partir de ce nombre, on aimait mieux tourner par l'adjectif μοριοι, dix mille, joint aux adverbes δεκακις, dix fois, εικοσακις, vingt fois, etc. Exemples : δεκακις μυριοι, dix fois dix

« mille ou cent mille (1). Εικοσακις μυριοι, vingt fois dix « mille, ou deux cent mille. Εκατονταχις μυριοι, un million. « Χιλιακις μυριοι, dix millions. Μυριακις μυριοι, cent millions. « On trouve quelquefois ρ̈ surmonté d'un tréma pour « signifier un million.

« Les livres de l'Illiade et de l'Odyssée sont désignés « par les lettres de l'alphabet grec, prises simplement « dans leur ordre vulgaire, *sans aucune intercalation*, « avec une valeur déterminée par leur rang, depuis 1 « jusqu'à 24, comme nous employons quelquefois les « lettres de notre alphabet pour servir d'étiquette. Mais « *ce n'est point là un système de numération.* »

On voit qu'à chaque série de 8 lettres, on a ajouté un signe pour former d'abord 9 nombres, puis, on voit le mécanisme employé avec ces 9 nombres, pour former les séries des dizaines et des centaines, comme, avec neuf chiffres, on a formé, d'une manière beaucoup plus ingénieuse, les dizaines, les centaines, etc., par l'emploi du zéro. Il est sensible que ces signes ont été ajoutés *pour faire harmoniser le système par* 8 *avec le système par* 10.

A la première série on a ajouté un signe désignant le nombre 6, de sorte que la sixième lettre est devenue le chiffre 7. La lettre septième est devenue le chiffre 8. C'est ce qui a contribué au désordre des nombres sur les traductions anciennes. On ne voit pas la raison pourquoi on n'a pas fait ce signe pour désigner le chiffre 9, comme on l'a fait pour la série des dizaines, pour désigner le nombre 90; et à la série des centaines, pour le nombre 900. On aurait dû cependant former un signe pour le nombre 9 manquant, au lieu de 6, pour suivre une marche uniforme.

Au mot ÉPISÈME, *Dictionnaire de l'Encyclopédie méthodique*, se trouve une longue dissertation en rapport avec ce que je viens d'énoncer.

Les livres de l'Illiade et de l'Odyssée sont désignés par les lettres de l'alphabet grec, sans aucune intercalation; mais ce n'est point, est-il mis, un système de nu-

(1) Les Chinois disent encore maintenant dix fois dix mille pour cent mille.

mération. C'est un indice que les 24 lettres grecques étaient alors les 24 premiers chiffres, et ce nombre de chapitres, 24, indique que c'était une série de 24, soit 16 plus 8, ou trois fois 8. Pourquoi, si les 24 chiffres grecs, que j'appellerai nouveaux, existaient, ne les trouverait-on pas en tête des chapitres? Si ces titres ont été mis après, ce serait une raison de plus pour qu'ils aient pour titres les nouveaux chiffres.

Mais ces lettres étaient bien, à l'époque où ces livres ont été faits, les chiffres dont on se servait.

Voici un article qui va confirmer ce que j'avance.

Dictionnaire de l'Encyclopédie.

« *Table iliaque.* On désigne sous ce nom, au cabinet « du Capitole, un fragment de bas-relief *antique*. Un « chanoine chassant sur la voie Appienne, non loin de « Rome, près d'Albano, découvrit ce fragment; pres- « qu'au même endroit où, peu de temps auparavant, « avait été découverte l'apothéose d'Homère. Elle est « composée, dit Montfaucon, de cette matière ou stuc « que Vitruve appelle *tectoria*, qu'on faisait avec de la « chaux et du sable pilés dans des mortiers, dont les « Grecs, dit le même auteur, composaient un mastic si « dur, qu'on en faisait des incrustations aux murs, et « qu'on les détachait des vieilles murailles pour en faire « des tables, sur lesquelles on voyait des figures en « bosse. Cette table contient la guerre de Troie, en « sorte que chaque tableau contenait l'histoire d'un des « livres de l'Illiade, et était marqué des *lettres numé- « rales* A, B, Γ. »

Ainsi voilà un bas-relief antique avec des lettres numérales conformes à l'alphabet grec; on peut donc se demander si les lettres n'ont pas été faites conformes aux caractères des chiffres.

Chronologie, tome 11e, par Fréret, page 29.

Marbres de Paros.

« Les caractères ou chiffres sur les marbres de Pa- « ros *ne sont pas ceux* qu'on voit sur les médailles grec- « ques, ce sont *des lettres* initiales de mots qui expri- « ment *les nombres*. Le grammairien Hérodien nous ap- « prend que ces caractères *avaient été employés* dans les

« lois de *Solon*, et qu'ils servaient encore dans les « comptes de taxe et des amendes; on les voit sur quel- « ques *autres inscriptions anciennes.* »

Les marbres de Paros viennent donc aussi à l'appui que les lettres étaient des chiffres; c'est confirmé par les lois de Solon et par quelques autres inscriptions anciennes.

Religion, tome 17, par Fréret, page 255.

« Les Lapons et les Samoyèdes ont encore une écri- « ture hiéroglyphique semblable à celle des Mexicains « et des Égyptiens; on a trouvé dans la Sibérie, des « monuments qui prouvent que l'usage de cette écri- « ture a été autrefois très-répandu *dans tout le nord* de « l'Europe et de l'Asie. Les anciens scaldes ou poëtes « du nord, avaient leurs *lettres runiques, au nombre de* « 16, qui sont *encore* en usage dans *l'Islande*, et qu'on « trouve dans *la Suède*, sur de très-anciennes inscrip- « tions. Ces lettres, qui ne ressemblent ni pour leur « figure, ni pour l'ordre, ni pour la *valeur numérale*, « ni pour le nom, à celles des Grecs et des Romains, « pouvaient servir dans la Germanie à *conserver les* « *anciennes traditions.* Les Saxons et les Danois con- « naissaient cette écriture, on en trouve quelques mo- « numents dans *l'Angleterre.* »

Les 16 lettres proviennent des 16 premiers chiffres dont on a fait usage. On s'est servi des mêmes signes qu'on avait, qui représentaient les nombres, pour re- présenter des objets, des mots; c'est pourquoi il n'y a eu d'abord que 16 lettres. Les nombres ayant ensuite été portés à 24, il y a eu 24 lettres. C'est dans les îles qu'on doit plutôt retrouver les anciennes connaissances non altérées.

On lit dans Pline le jeune, page 222 :

« Pour le sûr, Cadmus apporta 16 lettres de Phénicie, « auxquelles Palamède en ajouta 4, durant le siége de « Troie, à savoir : Θ, Ξ, Φ, X. Après lui, Simonide Mé- « licien ajouta ces 4, à savoir : Z, H, Ψ, Ω.

« Aristote dit que, de toute antiquité, il y avait 18 « lettres à l'alphabet grec, à savoir : A, B, Γ, Δ, E, I, « K, Λ, M, N, O, Π, P, Ξ, T, Φ, et que Épicharmus en

« ajouta 2, à savoir : Θ, X, et non Palamède. »

Il est sensible qu'on a traduit le nombre 16 par celui 18, car, après avoir dit qu'il y avait *de toute antiquité* 18 lettres, savoir, on n'en nomme que 16.

Encyclopédie, Caractères de musique.

« Les Grecs se servaient pour caractères dans leur « musique, ainsi que dans *l'arithmétique,* des lettres « de l'alphabet. »

Je remarque au tableau des chiffres que la lettre H signifie 8, et que hecto commence par un H. De hecto on a fait le mot dix, ou dix fois dix, qui signifiait sans doute, dans le principe, huit. Je remarque encore que la seizième lettre, ou deux fois huit, n'a de différence avec la huitième lettre H, qu'en ce que la barre du milieu de H est transportée en haut Π, et que dans les nombres il signifie 80, soit 8 et un zéro qui doit être le cent de 64. Quatre-vingt d'ailleurs est mis pour 4 fois 16, soit 64.

Encyclopédie, lettre H.

« Par la lettre H, dit Winckelmann, gravée sur le « socle d'un Faune, au palais Alliéré, l'on peut conjec- « turer que les statues, rangées dans un même endroit, « portaient les marques de leur nombre, et que celle « dont nous parlons avait été *la huitième*. Un buste, « dont il est fait mention dans une inscription grecque, « s'est trouvé marqué de la même lettre. L'inscription « nous fait voir que ce morceau était placé dans un « temple de Sérapis, et la lettre nous montre que c'était « *le huitième* buste. »

« *Hecteus.* Sixième, medios; mesure grecque de ca- « pacité. Elle valait, en mesure grecque, 8 chœnix, 2 « hemi-hectes ou 16 xestès. »

Voilà hecteus qui veut dire 8, donc hecto, qui maintenant signifie *cent,* voulait dire 8, ou 8 fois 8, soit le cent de 64 dans l'origine. Cette mesure valait 2 hemi-hectes, 16 xestès; c'est donc une continuation de division par 8.

« *Hemi-hecte.* Mesure olympique pour l'arpentage des terres; elle valait 64 hexapodes carrées. »

Confirmation de ce que j'ai dit pour le mot *hecteus.*

« *Hélépole*. Machine militaire des anciens, propre à « battre les murailles d'une ville assiégée. Diodore de « Sicile et Plutarque ont donné la description de la fa- « meuse hélépole de Démétrius, au siége de Rhodes. « La base en était carrée, etc. Toute cette masse était « mise en mouvement par le moyen de 8 *roues*. »

C'est à cause des 8 *roues* que cette machine portait le nom de hélépole.

Au mot chiffre il est mis :

« A l'exemple des Hébreux, les Grecs et les Romains « donnèrent à leurs lettres *une valeur*, en suivant « l'ordre que chacune tenait dans l'alphabet, ou en ren- « dant les termes numériques par leur élément initial. « Le président Bonhier suppose que les lettres étaient « *déjà numériques* lorsqu'elles furent apportées en « Grèce. Dans l'hébreu, le grec et les langues d'orient, « *toutes les lettres sont numérales*. »

Ceci à l'appui que les chiffres ont précédé les lettres.

Pline, page 522.

« Labyrinthe. Le bâtiment est divisé en 16 quartiers « ou corps de logis, selon les 16 gouvernements du pays « d'Egypte qui portent les noms mêmes desdits gou- « vernements. »

Fréret, *Histoire*, tome 3, page 226 :

« Hercule marcha vers Pylos ; il prit la ville d'assaut « et tua dans le combat les fils de Nélée qui en était roi, « comme nous l'avons vu : ils étaient au nombre de 9. « Nestor, le plus jeune de tous, échappa seul à ce car- « nage, il était alors à Gérémium. »

Page 227 : « Nestor avait 12 ou 13 ans lors de la « guerre dans laquelle Hercule tua ses 11 frères. »

On voit que dans le premier article on met 9, dans le second 11, ce doit être parce qu'on a traduit d'une part 8 plus 1, et d'autre part 10 plus 1.

Encyclopédie, colosse de Rhodes.

« On donne pour la hauteur la plus vraisemblable du « colosse 128 pieds. »

Ce nombre est 2 fois 64 ou 2 fois 100. Ce colosse doit avoir été fait sur 200, système par 8; ou si au lieu de 200 pieds on met 100 coudées, ce serait 100 coudées au calcul par 8.

« Funérailles d'Alexandre. Le chariot avait 4 ti-
« mons, à chaque étaient attelés 16 mulets. Total 64
« mulets. »

En Chine, à la mort d'un empereur, le tombeau était porté par 64 personnes. On n'a pas changé ici 64 en 100 parce que c'est un usage qui a continué après le changement de numération, et comme on a continué de mettre 64 personnes pour porter le tombeau des empereurs, on n'a pu changer 64 par 100.

Voyage du jeune Anacharsis en Grèce, par Barthélémy, tome 1er, page 349. Note sur le nombre des troupes grecques que Léonidas commandait aux Thermopyles.

« Les incertitudes sur le nombre disparaîtraient peut-
« être si nous avions toutes les inscriptions qui furent
« gravées après la bataille sur 5 colonnes placées aux
« Thermopyles. Nous avons encore celle du devin Mé-
« gistias, mais elle ne fournit aucune lumière. Il est cer-
« tain que ceux du Péloponèse fournirent 4000 hommes,
« ce nombre était clairement exprimé *dans l'inscription*
« placée sur leur tombeau, et *cependant* Hérodote n'en
« compte que 3100, parce qu'il n'a pas cru devoir
« faire mention de 700 Lacédémoniens qui, suivant
« les apparences, vinrent joindre Léonidas aux Ther-
« mopyles. »

Ce que je cherche, c'est de découvrir si les nombres de ce temps étaient suivant un calcul par 8, ou suivant un calcul par 10. Cette inscription de 4000 est-elle de 4000 système par 10 ou 4000 système par 8? Dans cette dernière supposition, ce serait 4 fois 8 ou 32 cents de 64. Il est mis que la différence des nombres provient de ce que l'on n'a pas ajouté 700 à 3100, mais 700 ajoutés à 3100 ne feraient que 3 mille plus 8 cents, mais 8 *cents c'est précisément* un mille par le calcul par 8, de sorte que cela ferait 4000, soit 4000 système par 8, 32 cents de 64.

Le grand nombre de l'armée de Xercès s'appliquerait mieux à un système de numération par 8, puisque:

100	n'est que	64
1,000	»	512
10,000	»	4,096
100,000	»	32,768
1,000,000	»	262,144
2,000,000	»	524,288
3,000,000	»	786,432
4,000,000	»	1,048,576
10,000,000	»	2,097,152

2me volume, page 171, *République d'Athènes.*

« Les uns (chefs) commandent 128 hommes (200 sys-« tème par 8), d'autres 256 (400), 512 (1000), 1024 « (2000) ; suivant une proportion *qui n'a point de « bornes en montant*, mais qui en descendant aboutit à « un terme qu'on peut regarder comme l'*élément* « des différentes divisions de la phalange. Cet élément « est la file quelquefois composée de 8 hommes, quel-« quefois de 16. »

Plus avant on verra que l'on dit, la phalange est de mille hommes, ce mille sera de 8 rangs de 64, soit 512, ce qui mettra le mille ancien à 512.

Page 184 : « Nous trouvâmes près du mont Anches-« mus un corps de 16 de hauteur sur 100 (64) de front. « Chaque soldat occupait un espace de 4 coudées. »

Page 244 : « Le sénat formé par les représentants « des 10 tribus, est naturellement divisé en 10 classes, « dont chacune à son tour a la prééminence sur les « autres, cette prééminence se décide par le sort, et le « temps en est borné à l'espace de 36 jours pour les 4 « premières classes, de 35 pour les autres. »

« Celle qui est à la tête des autres s'appelle la classe « des prytanes; on la subdivise en 5 décuries, compo-« sées chacune de 10 proèdres ou présidents. Les 7 pre-« miers d'entre eux occupent pendant 7 jours la première « place, chacun à son tour; les autres en sont exclus.

« Celui qui la remplit doit être regardé comme le « chef du sénat. Ses fonctions sont si importantes, « qu'on n'a cru devoir les lui confier que pour un « jour. »

Page 246 : « Pendant les 35 ou 36 jours que la « classe des prytanes est en exercice, le peuple s'as- « semble quatre fois; et ces quatre assemblées, qui « tombent le 11, le 20, le 30 et le 33 de la prytane, se « nomment assemblées ordinaires.

« Dans la première, on confirme ou on destitue les « magistrats *qui viennent d'entrer en place.* »

On a fait les prytanies de 35 et 36 jours pour former 10 périodes, ensemble 354 jours, soit une année composée de 12 lunaisons. Il est naturel de penser que l'on aurait dû faire la prytanie d'une lunaison, et, ce qui est remarquable, c'est que 35 et 36 jours, écrit au système par 10, correspondent au système par 8, à 3 fois 8 plus 5, et 3 fois 8 plus 6, soit précisément 29 et 30 jours, comme sont les lunaisons. A cette époque tout se réglait par lunaisons.

Il est mis que le peuple s'assemble quatre fois, le 11, le 20, le 30 et le 33. Le 11, c'est 8 plus 1 ou le 9; le 20, c'est 2 fois 8 ou le 16; le 30, c'est 3 fois 8 ou le 24; le 33, c'est 3 fois 8 plus 3 ou le 27. Les nombres 24 et 27 sont bien proches. Puis il est mis que, dans la première assemblée, on confirme ou on destitue les magistrats *qui viennent d'entrer en place.* On ne peut pas dire pour une assemblée qui n'aurait lieu que le neuvième jour, qui viennent d'entrer en place, de sorte que l'assemblée indiquée pour le 30 est peut-être la première qui aurait eu lieu le 3.

Voici plusieurs citations qui vont confirmer que le 20 est mis pour le 16.

5me volume, page 163. *Lettre d'Apollodore.*

« Je vous envoie *le journal* de ce qui s'est passé dans « nos assemblées jusqu'à la conclusion de la paix. »

Page 174. Le 13 de scirophorion.

« Nos députés viennent enfin d'arriver, ils rendront « compte de leur mission au sénat *après demain; dans « l'assemblée du peuple le jour d'après.* »

Cette lettre étant datée du 13, *l'assemblée du peuple était* par conséquent le 16. Ceci vient donc a l'appui que le 20 voulait dire le 16, et si le 20 veut dire le 16, le 33 veut dire le 27.

Page 177. Lettre de Callimédon:

« *Le 16 de scirophorion*. Me voilà chez le grave Apol-
« lodore, je venais le voir; il allait vous écrire; je lui
« arrache la plume des mains et je continue *son jour-*
« *nal*, etc.

« J'ai une autre scène à vous raconter. Je viens de
« *l'assemblée générale*; on s'attendait qu'elle serait ora-
« geuse. »

Puis vient une lettre d'Apollodore, disant :

« Je vais ajouter ce qui manque au récit de Calli-
« médon. »

Page 182. Le 27 de scirophorion.

« C'en est fait de la Phocide et de ses habitants. *L'as-*
« *semblée générale* se tenait *aujourd'hui* au Pyrée; c'était
« au sujet de nos arsenaux, etc. »

7me volume, page 74.

« *Le 16 d'anthesterion*. On a nommé *aujourd'hui*
« quatre députés pour l'assemblée des amphictyons
« qui doit se tenir au pringtemps prochain à Delphes. »

Ainsi voilà des dates d'assemblées générales établissant bien qu'elles avaient lieu le 16 et le 27, soit donc confirmant que le 20 c'est le 16 et le 33 c'est le 27. Une autre conséquence à en tirer, c'est que les prytanies n'étaient pas de 35 et 36 jours, mais bien de 29 et 30 jours, comme je l'ai dit.

2me volume, page 402 : « La marche s'ouvrait par une
« hécatombe composée effectivement de 100 bœufs, etc.

« Un moment après on donnait le signal, et toutes
« les victimes tombaient autour de l'autel. »

Il n'est point probable qu'on immolait 100 bœufs, ce serait déjà beaucoup un cent de 64.

3me volume, page 1 : « L'éducation commence chez les
« Athéniens à la naissance de l'enfant, et ne finit qu'à sa
« 20me année. Cette épreuve n'est pas trop longue pour
« former des citoyens; mais *elle n'est pas suffisante* par
« la négligence des parents qui abandonnent l'espoir
« de l'état et de leur famille, etc. »

On a mis 20 pour 16; on ne dirait pas, *cette épreuve n'est pas suffisante*, si c'était 20 ans. Mais cela doit se dire pour l'âge de 16 ans.

Page 7 : « Dans les 5 premières années, la végétation « du corps humain est si forte que, suivant l'opinion de « quelques naturalistes, il n'augmente que du double en « hauteur dans les 20 années *suivantes.* »

Ici se trouvent deux arguments en faveur du calcul par 8. On a mis 5 pour 4 et 20 pour 16, car maintenant on dit que l'on est à moitié de sa grandeur à l'âge de 3 ans. Donc c'est tout ce que l'on peut accorder de porter cet âge à 4 ans. Ensuite 20 c'est 16, car on ne grandit habituellement que jusqu'à 20 ans ; il faudrait que l'on grandît jusqu'à 25 ans pour l'explication de l'article.

Page 6 : « Comme beaucoup d'enfants meurent de « convulsions d'abord après leur naissance, on attend « le 7me et quelquefois le 10me jour pour leur donner « un nom. »

Le sens me paraît demander que l'on mette le 7me et quelquefois le 8me. D'ailleurs la citation suivante réunie à celle-ci fera acquérir la certitude.

Page 58 : « Sur l'éducation des filles.

« Celles qui appartiennent aux premières familles de « la république sont élevées avec plus de recherche. « Comme dès l'âge de 10 ans et quelquefois de 7, elles « paraissent dans les cérémonies religieuses, etc. »

Il me paraît évident qu'il faut lire, comme dès l'âge de 8 ans et quelquefois de 7, etc. 10 est au système par 8, il signifie 8 ; on disait alors 10 pour exprimer 8.

Page 253 : « Euchidas étant revenu *le même jour* à « Platée avant le coucher du soleil, il expira quelques « moments après. Il avait fait 1000 stades à pied (37 « lieues et 2000 toises). »

1000 stades signifient 8 fois 64 ou 512 stades, ce qui rend le fait plus compréhensible.

Page 269 : « *Thèbes.* 11 chefs connus sous le nom de « Béotarques ou présidents. »

C'est sans doute 8 plus 1, soit 9 chefs.

Page 290 : « Nous arrivâmes au pas des Thermopyles. « Nous vîmes auprès de nous les monuments que l'as- « semblée des amphictyons fit élever sur la colline dont « je viens de parler. Ce sont de petits cippes en l'hon-

« neur des 300 Spartiates et des différentes troupes « grecques qui combattirent. Nous approchâmes du pre- « mier qui s'offrit à nos yeux, et nous y lûmes : « C'est « ici que 4000 Grecs du Péloponèse ont combattu contre « 3 *millions* de Perses ». Nous approchâmes d'un second « et nous y lûmes ces mots de Simonide : « Passant, va « dire à Lacédémone que nous reposons ici pour avoir « obéi à ses saintes lois ». Le nom de Léonidas et « ceux de ses 300 compagnons ne sont pas dans cette « seconde inscription; c'est qu'on n'a pas même soup- « çonné qu'ils puissent être jamais oubliés. J'ai vu plu- « sieurs Grecs les réciter de mémoire et se les transmettre « les uns aux autres. »

3 millions système par 8, égalent 786,432, système par 10. Ce dernier nombre est plus probable.

4me volume, page 84 : « Ce ne fut que 40 ans après la « mort de Léonidas, que ses ossements, ayant été trans- « portés à Lacédémone, furent déposés dans un tom- « beau, placé auprès du théâtre. Ce fut alors aussi qu'on « inscrivit pour la première fois sur une colonne les « noms des 300 Spartiates qui avaient péri avec ce grand « homme. »

Si l'inscription s'était conservée, on saurait si c'est 300 système par 10 ou 300 système par 8, soit 192. Cela importe peu, parce que si la colonne était restée avec les noms, on dirait 192 ou 300, suivant le nombre inscrit.

3me volume, page 403 : « A Pharœ, nous vîmes dans « la place publique 30 pierres carrées qu'on honore « comme autant de divinités dont *j'ai oublié* les noms. »

Ce doit être 24, on n'a jamais parlé de 30 divinités, mais de 12, ce peut-être 24.

Page 407 : « L'Elide. Après que le gouvernement « monarchique eût été détruit, les villes s'associèrent « par une ligne fédérative; mais celle d'Elis, plus puis- « sante que les autres, les a insensiblement assujetties; « elles forment ensemble 8 *tribus* dirigées par un corps « de 90 *sénateurs.* »

Il faut remarquer que 90 n'est pas divisible par 8. Ce nombre n'est donc point exact, au lieu de 4 fois 20 plus 10, c'est sans doute 4 fois 16 plus 8, soit 72; et alors,

BIBLIOTHÈQUE IMPÉRIALE

puisqu'il y a 8 tribus, c'est 9 sénateurs par tribu. Ce nombre 9 est très-probable, c'est 3 fois 3, et c'est un nombre souvent employé.

Page 410 : « Les jeux olympiques célébrés à Elie, de « 4 en 4 ans, institués par Hercule, furent, après une « longue interruption, rétablis 108 ans après. »

C'est sans doute 64 plus 8, soit 72 ans. Je donnerai plusieurs raisons à l'appui de l'incertitude qui existe sur la chronologie de ces temps-là.

Page 413 : « A chaque Olympiade on tire au sort les « juges ou présidents des jeux : ils sont au nombre de 8, « parce qu'on en prend un de chaque tribu. Ils s'assem- « blent à Elie avant la célébration des jeux, et, pendant « l'espace de 10 mois, ils s'instruisent en détail des « fonctions qu'ils doivent remplir. »

Je pense que 10 mois c'est 8, et que 8 mois c'est un an de ce temps ancien, soit 8 mois de 24 jours formant 192 jours.

« Afin de joindre l'expérience aux préceptes, ils « exercent, pendant le même intervalle de temps, les « athlètes qui sont venus se faire inscrire pour dispu- « ter le prix de la course et de la plupart des combats « à pied. »

Il n'est pas probable que les athlètes seraient venus s'instruire pendant 10 mois de 30 jours, et auraient quitté leur pays aussi long-temps à l'avance.

Page 421. « On célèbre auprès de ce temple des jeux « auxquels président 16 femmes choisies parmi les 8 « tribus des Éléens. »

4me volume, page 207. « Un grand nombre de fêtes « remplissent les loisirs des Athéniens. J'ai vu dans la « plupart 3 *chœurs marcher en ordre*, et faire retentir « l'air de leurs chants.

« J'ai vu dans les fêtes de Bacchus, des femmes au « nombre de *onze*, se disputer le prix de la course. »

Il est sensible que c'était au nombre de neuf, 8 plus 1. On vient de parler de 3 chœurs, le nombre onze ne se concilie pas avec 3 chœurs. La suite vient encore appuyer ce nombre 9.

Voici cette suite :

« Pendant les fêtes d'Apollon, qui durent 9 jours, je « vis dresser autour de la ville 9 cabanes. Chaque jour, « de nouveax convives, au nombre de 81 (9 fois 9), 9 « pour chaque tente, y venaient prendre leurs repas. »

Du service militaire chez les Spartiates.

Page 212. « Comme les citoyens sont divisés en 5 « tribus, on a partagé l'infanterie pesante en 5 régi- « ments, qui sont, pour l'ordinaire, commandés par « autant de polémarques. Chaque régiment est composé « de 4 bataillons, de 8 pentecostys, et de 16 énomoties « ou compagnies.

« En certaines occasions, au lieu de faire marcher « tout le régiment, on détache quelques bataillons; et « alors, en doublant ou quadruplant leurs compagnies, « on porte chaque bataillon à 256 hommes (400 hom- « mes), ou même à 512 (1000). »

Page 483. « Le roi Agis était à la tête de 7 lochos, « chaque lochos renfermait 4 pentecostys, chaque pen- « tecostys 4 énomoties; chaque énomotie fut rangée « sur 4 de front et en général sur 8 de profondeur.

« De ce passage, le scholiaste conclut que, dans cette « occasion, l'énomotie fut de 32 hommes, la pentecos- « tys de 128 (200), le lochos de 512 (1000). »

La multiplication par 8 est ici bien sensible.

Page 215. « Le jour du combat, le roi se place dans « le premier rang, entouré de 100 jeunes guerriers. »

On a vu que les compagnies étaient de 64 hommes. Le roi ne devait pas être entouré de 100 hommes système par 10, mais de 100 hommes système par 8, soit de 64 hommes.

Lois de Solon.

« Dans les fêtes instituées pour former des unions lé- « gitimes et saintes, ils jetteront dans une urne les « noms de ceux qui devront donner des gardiens à la « république; ce seront les guerriers depuis l'âge de 30 « ans jusqu'à celui de 55, et les guerrières depuis l'âge « de 20 ans jusqu'à celui de 40 ans. »

Il me paraît que 30 ans, c'est 3 fois 8 ou 24 ans; 55 ans est mis pour 44 (les deux 5 pour deux 4), soit 4 fois 8 plus 4 ou 36 ans. 20 ans, c'est 2 fois 8 ou 16, et 40 ans, c'est 4 fois 8 ou 32. Ainsi ce sont les guerriers de l'âge de 24 à 36 ans, et les guerrières de l'âge 16 à 32 ans; c'est plus naturel.

Page 111. « Observez que les troupes de Philippe « sont très-bien disciplinées, qu'il les exerce sans cesse; « qu'en temps de paix il leur fait faire des marches de « 300 stades, avec armes et bagages (plus de onze lieues, « suivant la note). »

Il est plus probable que 300 stades sont 3 cents de 64, soit 192 stades. Alors les onze lieues seront réduites à sept environ, et c'est une route assez forte pour des soldats pesamment chargés.

Histoire de Thucydide.

Page 264. « Tel fut l'ordre de la bataille de part et « d'autre. L'armée de Lacédémone paraissait plus grosse « qu'elle n'était, mais il est difficile d'en dire le nombre, « non plus que celui des ennemis; car la politique des « uns le dissimule, et la vanité des autres l'augmente; « mais l'on peut juger des premiers par ce que je vais « dire : Il y avait 7 régiments Lacédémoniens de 4 « compagnies chacun, sans les Squirites qui étaient 600. « Chaque compagnie a 4 escouades, et chaque escouade « 4 hommes de front sur 8 de hauteur; car c'est la « hauteur ordinaire des files; mais, comme il est per- « mis aux colonels de la changer à leur fantaisie, on « ne peut savoir au vrai le nombre des combattants. « Toutefois le premier rang était de 448 soldats La- « cédémoniens, sans les Squirites. »

On voit que le premier rang était de 448, et qu'il y avait 7 régiments; le nombre 448 est 7 fois 64, donc chaque régiment avait 64 hommes de front sur 8 de hauteur, soit 8 fois 64, qui font 512. Ce nombre est le mille du calcul par 8. On pouvait dire qu'un régiment était de mille hommes, système par 8. Les 600 Squirites dont il est parlé doivent être 384 Squirites, six fois 64.

Page 306. « Le lendemain, les Athéniens leur pré- « sentèrent la bataille. La moitié de l'armée était ran- « gée de front, à 8 de hauteur, l'autre de même, mais, « etc.

« L'infanterie pesamment armée des ennemis (les « Syracusains), se rangea à 16 de hauteur. »

Dictionnaire de l'Encyclopédie. Armée Grecque.

« Λαχος. Division de 8, 12, ou 16 hommes. Ce dernier « nombre était appelé particulièrement λοχος; d'autres « appliquent cette dénomination à la division de 20 « hommes, »

Ceux qui l'appliquent à une division de 20 hommes, c'est par une fausse interprétation, et ceci établit qu'on a traduit les anciens nombres 16 par 20.

« Δοτρια ou προιλοχια était la moitié de la division ci- « dessus. Σολλοχισμος exprimait la réunion de plusieurs « λοχοι, ainsi que ευσασις la réunion de 32 hommes, c'est- « à-dire de 4 moitiés, ou de deux λοχοι entiers.

« Πεντηκονταρχια devrait désigner une troupe de 50 « hommes; elle exprime cependant la division de 4 « λοχοι, ou de 74 hommes. »

50 est mis pour un demi-cent ou 32. Puisqu'elle désigne 4 λοχοι, c'est 4 fois 8 ou 4 fois 16, suivant que λοχος veuille dire 8 ou 16. Le nombre 74 mentionné est mis pour 64, le 7 pour un 6.

« Εκατονταρχια ou ταξις, troupe de 100 hommes ou de « 2 πεντηκονταρχιαι. »

Il est évident que c'est une troupe de 64 ou de 128 hommes.

« Σιτταγμα, παραταξις, ψιλαγια désignait un corps de 256 « soldats. »

C'est 4 fois 64, ou 400 système par 8. Ainsi la troupe précédente serait de moitié, 128, ou 2 fois 64, 200.

« Πενταχοσιαρχια ou ξεναργια désignait une troupe de 512 « hommes, »

C'est 8 fois 64 ou 8 cents, soit le mille.

« Χιλιαρχια, συσρεμμα était une division de 1024 hommes. »

C'est 2 fois 512, ou 2 mille.

« Μεραρχια désignait un bataillon de 2408 hommes. »

C'est 4 mille, 4 fois 512. Il y a eu transposition de chiffres, c'est 2048 hommes, le double du nombre précédent et moitié du suivant.

« Φαλαγγαρχια était une division composée de 4096 « soldats. »

C'est 8 fois 512, soit 8 mille, que je poserai comme 10,000.

« Διφαλαγγια, επιταγμα désignait une division de 8130 « soldats. »

C'est mis pour 8192, 2 fois 4096, et moitié du suivant; c'est 16 mille de 512, que je pose comme 20,000.

« Τετραφαλαγγαρχια était une division de 16,384 soldats. »

C'est 4 fois 4096 ou 40,000.

« Ιλη désignait généralement un escadron quelconque, mais plus ordinairement une troupe de

«		64 maîtres,	1 fois	64
« Επιλαρχια (2 ιλας),	troupe de	128 »	2 »	64
« Ταραντιναρχια	troupe de	256 »	4 »	64
« Ιππαρχια	escadron de	512 »	8 »	64
« Εφιππαρχια,	escadron de	1024 »	16 »	64
« Τελος,	escadron de	2048 »	32 »	64
« Επιταγμα,	escadron de	4096 »	64 »	64

Soit donc, au calcul par 8, 100, 200, 400, 1000, 2000, 4000 et 10,000.

« Λοχος était le quart de la μορα, quoique Hésichius le « réduise *au cinquième.* »

Nouvelle raison à l'appui que l'on a traduit 4 par 5.

« Πεντηκοσος était le quart ou la moitié de λοχος, et comprenait 50 *soldats.* »

Ce n'est que 32 *soldats*, un demi-cent de 64.

« Ενωμοτια était le quart ou la moitié du λοχος, et comprenait 20 soldats. »

C'est 16, 20 n'est même pas moitié de 50.

« *Milice des Grecs.* Xénophon, dans son Traité de la « république de Lacédémone, nous a conservé les rè- « glements militaires de Lycurgue, les évolutions par- « ticulières, les manœuvres générales, la forme des « camps, les exercices des soldats, etc., tout s'y trouve » ordonné avec soin.

« L'infanterie était divisée en 6 corps égaux, et la « cavalerie dans le même nombre d'escadrons. Ceux-ci « étaient de 50 cavaliers qui se formaient en carré. »

50 est mis pour un demi-cent de 64, soit pour 32. 50 ne peuvent se former en carré.

« Chaque corps d'infanterie était commandé par un « polémarque, 4 locarques ou capitaines, 8 lieutenants « et 16 énomotarques ou chefs d'escouade. Ces es- « couades se partageaient encore en 3 ou 6 pelotons; « chaque corps d'infanterie, à ce que dit Xénophon, « contenait 400 ophites, armés de boucliers d'airain. « Thucydide leur en donne 512, et dit que l'énomotie « ou escouade, avait ordinairement 4 hommes de front « sur 8 de hauteur. »

Ceci confirme l'arrangement par 8. Le nombre 512 de Thucydide est 8 fois 64, soit le mille. Les 4 cents de Xénophon sont 4 cents de 64, soit 256, moitié de 512, soit un demi-bataillon. Le premier nombre est exprimé au calcul par 10, le second au calcul par 8.

Page 99. « Il n'y eût jamais rien d'uniforme sur la « longueur de chaque troupe, elle dépendait de sa force « et de sa hauteur : la force changeait suivant les con- « jonctures; la hauteur, selon l'usage des lieux ou la « volonté des généraux. Les Lacédémoniens se met- « taient ordinairement en bataille sur 8, au plus sur 12 « de hauteur; les Athéniens, sur 8, sur 16, et quelque- « fois sur 30. Philippe et Alexandre préférèrent le « nombre de 16; celui de 30 ou de 32 prévalut chez « les princes Grecs d'Asie, à mesure que la discipline « se relâcha, que l'art militaire pencha vers sa déca- « dence. »

Le nombre 30 ou 32, dit-on, prévalut; c'est 24 ou 32, et même ce n'est sans doute que 24. Un auteur aura vu 30, qui correspond, au système par 8, à 3 fois 8 ou 24, et comme ce nombre 30 ne cadrait pas avec 8 et 16, il aura ajouté ou 32.

Page 100. « Telle fut l'ordonnance générale des « armées, lorsque les Grecs se furent perfectionnés « dans la tactique : l'infanterie pesante sur 8, 12 ou 16 « de profondeur. »

Page 101. « Soit que les Grecs prétendissent rendre « la tête des marches plus assurées, ou qu'ils voulus- « sent plutôt prévenir le trop grand allongement des « colonnes, chaque corps ne défilait point ses différentes « troupes l'une à la suite de l'autre, mais par plusieurs

« à la fois, mises chacune sur une seule file : par exem- « ple, si le terrain le permettait, tous les chefs d'une « troupe d'infanterie de 100 ou de 200 hommes, et, dans « la cavalerie, tous les commandants d'escadrons, mar- « chaient sur le même front, suivis chacun de leur « troupe sur une seule file. »

Il est sensible que 100 et 200 sont 100 et 200 de 64 pour un cent.

« *Phalange*. La phalange, chez les Grecs, était un corps « d'infanterie composé de soldats armés de toutes pièces, « d'un bouclier et d'une sarisse, arme plus longue que « n'étaient nos piques, qui avaient 12 pieds; chaque file « était de 16 soldats, et elles étaient jusqu'au nombre « de 1024 (2000). Ainsi la phalange était une espèce « de bataillon de 1024 de front sur 16 de hauteur, c'est- « à-dire de 16,384 (40,000) soldats pesamment armés. « On y joignait la moitié de ce nombre de troupes lé- « gères, c'est-à-dire que ces troupes étaient de 8192 » hommes (20,000), lorsque la phalange était de 16,384. « A l'égard de la cavalerie, elle était la moitié de ce « dernier nombre ou de 4096 cavaliers (10,000). »

Ceci confirme la division à l'infini par 8.

Fréret. 17me volume. *Siences et Arts*.

Page 105 : « Nous voyons dans les *anciens écrivains* « que ce corps de cavaliers *spartiates*, composé de 300 « hommes divisés en 6 oulames, et choisis parmi les « plus braves de la jeunesse, servait auprès de la per- « sonne des rois au corps de bataille; et lorsque Héro- « dote et Thucydide parlent d'eux, ils ne les nomment « pas simplement cavaliers, mais *les trois cents hommes* « *choisis* que l'on appelle cavaliers à Sparte. »

Cet article est extrêmement précieux. Je pense avoir établi que les dénominations de 100, 200, etc., s'appliquent à des cents de 64, et si l'on *appelle les trois cents*, 3 escadrons de 64 cavaliers, ce serait une preuve que 64 aurait été le cent ancien.

Encyclopédie. Tribu d'Athènes.

« Athènes, dans sa splendeur, était divisée en 10 tri- « bus, qui avaient emprunté leurs noms des 10 héros « du pays. Les noms de ces 10 *tribus* paraissent souvent

« dans les harangues de Démosthènes; *mais* je ne puis « rappeler à ma mémoire que les 8 suivants. »

Il est à remarquer que je pense que 10 est mis pour 8 et que l'auteur ne se rappelle que les noms de 8. Si néanmoins Démosthènes en nomme 10, ce serait contre ma supposition, mais aussi s'il n'en nomme que 8 cela la confirmerait. Je continue de citer :

« Il faut observer que le nombre des tribus ne fut « pas le même dans tous les temps, et qu'il varia selon « les accroissements d'Athènes. Il n'y en aurait eu d'a- « bord que 4; il y en eut 6 peu après, puis 10, et « enfin 13. »

Je ferai encore remarquer que l'on dit 4, 6, 10 en passant au-dessus de 8, il est plus naturel d'augmenter par 4, 6, 8..., 13 serait 8 plus 3, soit 11.

« *Arithmantie* ou *arithmomantie*, manière de con- « naître ou de prédire l'avenir. Debrio en distingue « deux sortes, l'une en usage chez les Grecs qui consi- « déraient le nombre et *la valeur* des lettres dans les « noms des deux combattants, par exemple, et en augu- « raient que celui dont le nom renfermait un plus grand « nombre de lettres et *d'une plus grande valeur* que « celles dont était formé le nom de son adversaire rem- « porterait la victoire. C'est pour cela, disaient-ils, « qu'Hector devait-être vaincu par Achille. »

Ceci établit que les lettres étaient des chiffres. Il y avait des lettres d'une plus grande valeur; les chapitres d'Homère, marqués en lettres sont donc des chiffres. Ceci vient à l'appui que c'étaient dans l'origine 16, puis 24 chiffres dont on a fait des lettres.

« La seconde espèce d'arithmantie était connue des « Chaldéens. Ils partageaient *leur alphabet en 3 décades* « en répétant quelques lettres, puis ils changeaient en « lettres numérales les lettres des noms de ceux qui les « consultaient, et rapportaient chaque nombre à quelque « planète, de laquelle ils tiraient des présages.

« Les Platoniciens et les Pythagoriciens étaient fort « adonnés à l'arithmantie. »

Il me semble que ces mots, leur alphabet en 3 *décades*, sont en 3 périodes de 8 nombres, car on n'a jamais mis plus de 24 lettres à l'alphabet. Il est vrai qu'on a ajouté, en répétant quelques lettres, mais c'est parce qu'on a compris qu'on ne pouvait faire 3 décades avec 24 lettres. On a préféré dire, en répétant quelques lettres, plutôt que de réduire la décade au nombre 8. Il est possible d'ailleurs qu'au moment du changement on ait répété quelques lettres en y ajoutant un signe particulier.

« *Mendès*. La divinité adorée à Panapolis sous le nom « de Pan, portait encore les noms de Mendès, de « Chemmis, d'Eschmum, d'Esnum ou *le huitième*, c'est- « à-dire la divinité créée la première, après les sept « planètes, d'Antée enfin ou d'Endès. »

Ce qui m'a frappé dans ce mot Mendès, c'est que la syllabe dès devait signifier *huit*, on l'aura ensuite traduite ou changée en *dix*.

Il est mis que le véritable sens du mot cophte Endès est celui qui *engendre beaucoup*, et comme je dis que l'on comptait par périodes de 8 nombres, on peut dire que 8 engendre beaucoup.

Il est mis aussi que le bouc était pour les Egyptiens le symbole de Mendès, et pour les Grecs celui de Pan ; deux divinités qui toutes deux étaient l'emblème d'une même propriété de la nature, *celle de tout produire*. Anciennement, quand il est question de tout produire, ce sont des nombres dont on parle, et le nombre 8 était celui qui produisait tout.

Au mot Esmunus auquel on renvoie, il est mis : « Samucus fut d'abord père de Dioscures et des Cabires. « Ensuite il engendra Esmunus, nom que l'on traduit « par celui d'Esculape. D'autres le traduisent par *hui-* « *tième*. Son nom dans la langue phénicienne *signifie* « *huitième*, d'où l'on peut conclure que ce fut une hui- « tième divinité ajoutée aux sept primitives, les sept « planètes. »

Si l'on considère que les sept planètes ont formé les sept jours de la semaine, Mendès aurait pu être le huitième jour et former la semaine de 8 jours.

Il est mis :

« La divinité égyptienne qui ressemble le plus à l'Es- « culape des Grecs, était le Séraphis moderne, qui opé-

« rait des guérisons; cette identité est annoncée par un « grand nombre de monuments, sur lesquels on voit *la « tête d'Esculape chargée du boisseau*, comme l'était « celle de Séraphis. »

Comme le boisseau représente une mesure de 8 mesures, c'est pour indiquer qu'Esculape est le symbole du nombre 8. C'est toujours à l'appui que *dès* dans le mot mendès signifie 8.

« *Hécatombœon*. Nom du *premier* mois de l'année des « Athéniens. »

On fait diverses suppositions sur l'étymologie de ce nom. Pour moi, ce nom héca signifie 8, ce mois donc serait le huitième avant le commencement de l'année suivante, et comme c'est le premier, il s'en suivrait que l'année aurait été de 8 mois.

A l'appui que ce mot signifie 8, je citerai :

« *Hécatontarque*. Nom grec du centurion ou du com- « mandant de 100 hommes. »

On a vu que c'est un cent de 8 fois 8, un commandant de 64 hommes.

« *Hécatombe* ou sacrifice de cent bœufs. »

C'était un sacrifice de 8 fois 8, et, dans l'origine sans doute, un sacrifice de 8 bœufs.

« *Hécatompédon*. Temple de Minerve, à Athènes. »

On suppose que ce nom vient de sa grandeur de 100 pieds. Mais j'ai donné quelques raisons tendant à établir que cette grandeur pouvait être de 64 coudées; 8 fois 8.

Pyramides d'Égypte.

La grande pyramide de Memphis, dit M. Jomard, est un monument astronomique ancien d'après la parfaite orientation de ses faces.

J'ai donc cherché si en divisant le cercle de la terre, 40 millions de mètres par 48 et chaque produit par 48, j'amenais un nombre de mètres cadrant avec la grandeur de cette pyramide. J'amène pour quatrième terme 75,^{m}40. Comme la pyramide est un plèthre, soit un carré divisible en 9 carrés égaux ou en 8 portions égales, comme les figures de la Chine Ho-tou et Lo-chou (Pline donne 8 jugères à la grande pyramide), je multiplie

75,^{m}40 par 3, ce qui me donne 226,^{m}20 ; ce nombre doit-être la grandeur des côtés de la grande pyramide. M. Jomard donne, page 20, cette grandeur pour 227,^{m}32, suivant la base visible, soit non compris le socle de cette pyramide.

Autre explication :

Je multiplie le plèthre 29,^{m}56 (composé de 64 coudées de 6 palmes ou de 48 coudées de 8 palmes) par 8 ; j'amène 236,^{m}48. M. Jomard donne, page 21, la grande pyramide pour 232,^{m}747 avec le socle sur la ligne la plus extérieure.

La pyramide aurait de cette manière 512 coudées, mais 512 c'est 8 fois 64 *ou le mille ancien*, soit 8 cents système par 8. Hérodote, dit M. Jomard, donne 8 plèthres à la base de la grande pyramide ; ce qui viendrait à l'appui d'un calcul par 8 dans la haute antiquité. On aurait fait cette pyramide de 1000 coudées système par 8.

Si l'on supposait que cette pyramide a été bâtie selon la mesure de 6 fois un plèthre, cela ferait 384 coudées de 8 palmes (nombre correspondant à 600 calcul par 8). Ainsi, en prenant la coudée hachémique de 8 palmes, 0,6157 au lieu de celle de 6 palmes, j'amène le même résultat 236,^{m}48.

Page 26 : « C'est une erreur grave commise par Ed. « Bernard, Fréret, Bailly, Paucton, Romé de Lille et « d'autres métrologues, d'avoir cru que le côté de la « grande pyramide représentait le stade égyptien ; car « pas un auteur ne donne à cette base un stade (ou, « ce qui revient au même, 600 *pieds*) de longueur. »

Les 600 pieds de cet article seraient les 600 coudées système par 8 dont je viens de parler (soit 384), provenant de la multiplication du plèthre de 64 coudées de 6 palmes par 6, ou du plèthre de 48 coudées de 8 palmes (qui font la même mesure) par 8.

Page 102 : « C'est Plutarque qui assure, d'après Py- « thagore, que tous les stades ont 600 pieds : ce fait « curieux est attesté par Aulu-Gelle. »

Ceci à l'appui que les 600 pieds dont sont formés tous les stades sont système par 8, puisqu'il est reconnu que le stade est de 6 plèthres et que le plèthre est de 64 coudées de 6 palmes ou 48 coudées de 8 palmes, soit 600 coudées système par 8. On a changé le mot coudée en celui pied.

Dimension de la chambre du roi :

« Largeur, 5,m235. — Longueur, 10,m467. — Hau- « teur, 5,m858. »

Pour obtenir mes longueurs de 8 et 16 coudées, je ne puis prendre ni la coudée de 8 palmes ni celle de 9. Je dois former une coudée de 8 palmes 1/2, 8 huitièmes 1/2 de. 0,m6542

8 coudées de 0,m6542 me donnent pour la largeur. 5, 2336

16 coudées me donnent pour la longueur. 10, 4672

C'est exactement conforme :

9 coudées pour la hauteur font. 5, 887

J'amène pour la hauteur 3 centimètres en plus, mais il est possible et probable que le tassement a fait diminuer la hauteur de 3 centimètres.

La longueur du sarcophage de la chambre du roi est de 2,m301. 3 coudées 1/2 de 0, 6542 font 2,m29, ce n'est qu'un centimètre de différence.

Page 23, on voit que la seconde pyramide a sa base moindre de *un huitième* que la première ; ainsi la première étant de 8 cents coudées de 64 pour un 100, la seconde est de 7 cents coudées semblables. C'est encore en faveur du calcul par 8.

M. Jomard met en note que, suivant les mesures rapportées par M. de Humboldt, une des pyramides mexicaines, la pyramide de Chalula, a environ 54 mètres de haut sur 439 mètres de large.

La proportion est donc pour la hauteur, *d'un huitième* de la largeur. Toujours en faveur du calcul par 8.

Le pied étant la mesure naturelle de l'homme, j'ai aimé de connaître combien de fois il était contenu dans la circonférence de la terre et par le calcul par 8. Car Dieu a dû choisir la numération la plus simple et la plus belle, et il a dû former le pied de l'homme dans une proportion en nombre rond avec la grandeur de la circonférence. J'ai trouvé que le pied de 0,m298 y était contenu un milliard de fois, soit 1,000,000,000 exprimé au calcul par 8 (en supposant la grandeur de la circonférence de 40 millions de mètres système par 10). Cette grandeur me paraît convenable pour la mesure moyenne du pied de l'homme, le pied romain est de 0,m2956, le pied grec et égyptien 0,m308.

On regarde communément les nombres donnés par les savants des temps anciens comme authentiques. Cependant il est bien probable que tous ces nombres ont été arrangés par les traducteurs pour donner un sens aux articles, suivant leurs idées et selon les connaissances acquises; et encore la plupart de ces nombres ne sont point tirés des ouvrages des auteurs mêmes, ces ouvrages n'étant pas parvenus jusqu'à nous. M. Jomard dit à ce sujet, page 280 :

« Mais les sciences regrettent et regretteront peut-être « toujours, les écrits des Phérécyde, des Thalès, des Py- « thagore, des Empédocle, des Eudoxe, des Chrysippe, « des Démocrite, des Eratosthènes, des Aristarque, des « Posidonius, des Hipparque et de tant d'autres, sans « parler des écrits antérieurs qui leur avaient servi de « modèle. »

Il ne faut donc pas admettre sans examen, comme venant des savants anciens, les nombres qu'on leur attribue, mais les étudier d'après les nouvelles bases que j'ai indiquées, et on y reconnaîtra, soit une numération par 8, ou des nombres tronqués tenant du calcul par 8 et du calcul par 10.

Strabon, 5me volume, page 161 :

« Babylone est située dans une plaine, ses murailles « ont 385 stades de circonférence et 32 pieds d'épais- « seur, leur hauteur est, entre les tours, de 50 coudées et « de 60 coudées y compris celle des tours. »

Dans les notes il est mis :

« Clitarque et quelques-uns de ceux qui accompagnè- « rent Alexandre faisaient cette circonférence de 365 « stades et, selon eux, on avait eu *l'intention d'égaler* le « nombre de stades *à celui des jours de l'année*. Les pa- « roles de Quinte-Curce renferment implicitement cette « version; quant aux 385 stades que donne *le texte* de

« Strabon, plusieurs critiques ont regardé comme cer-
« tain que le texte est altéré en cet endroit, et que Strabon
« a dû écrire 365. Cette erreur est *ancienne* dans le
« texte, puisque *tous* les manuscrits la présentent. On la
« retrouve *encore* dans une scholie que portent les ma-
« nuscrits 1393 et 1394. »

Je remarque ici le nombre 385. Comme on a mis souvent un 5 pour un 4, je suppose qu'on a voulu mettre 384. Je fais observer qu'il est mis nombre égal à celui des jours d'une année, c'est l'année de 384 jours, 48 semaines de 8 jours, 6 fois 64 jours, ou 600 jours système par 8. Les commentateurs, à cause de la désignation une année, ont changé les 384 stades en 365 ou 360, nombre des jours d'une année de leur temps.

Qu'on remarque bien que l'on dit que cette erreur est *ancienne* dans le texte, puisqu'on la *retrouve* dans presque tous les manuscrits. Que l'on remarque encore que l'enceinte de Babylone étant *carrée*, les auteurs auraient dû s'apercevoir que les nombres 385 et 365 ne pouvaient pas être admis, puisqu'ils ne donnaient pas pour le quart un nombre entier de stades.

Traduction d'Hérodote par M. Du-Ryer de l'Académie française, page 163 :

« Babylone est de forme *carrée* et a de *chaque* côté six-
« vingt stades qui font pour le tour de la ville 480
« stades. »

Suivant M. Jomard, p. 186 (Enceinte de Babylone) :

« Hérodote donne 120 stades à chacun des quatre cô-
« tés de l'enceinte de Babylone et 480 stades pour le pé-
« rimètre entier. Pline, Solin, Philostrate, ainsi que saint
« Jérôme fournissent le même nombre de 480 stades.
« Ctésias qui avait voyagé à Babylone et Diodore de Si-
« cile, Philon, ne donnent que 360 stades, Dion Cassius
« en compte 400.

« Cette division de *l'année* et de l'enceinte en pareil
« nombre de jours et de stades présente un rapproche-
« ment *qui n'est pas sans réalité,* puisque Strabon (1),

(1) Strabon, livre XVI, page 1072, donne 385 stades, suivant note de M. Larchet, autre traducteur d'Hérodote. M. Jomard a fait erreur, ou peut-être a-t-il cru que 385 était mis par erreur au lieu de 365.

« Quinte-Curce et d'autres historiens d'Alexandre attri-
« buent 365 stades à cette même enceinte de Babylone,
« les nombre 360 et 365 associés ensemble ne peuvent
« *évidemment* procéder que de celui qui était *attribué* aux
« jours. Les auteurs qui ont donné 365 stades à cette en-
« ceinte, l'ont fait sans doute parce qu'il *était reçu*
« qu'elle comprenait *autant* de stades qu'il y a de jours
« *contenus* dans l'année. Au reste Diodore de Sicile s'ex-
« plique à cet égard *de la manière la plus positive*, au
« rapport de Clitarque, dit-il, et de quelques autres qui
« passèrent en Asie à la suite d'Alexandre; on avait *af-*
« *fecté* de donner au circuit des remparts *autant* de stades
« qu'il y a de jours dans l'année. Il n'y a donc nul doute
« sur *l'intention* qu'avaient les fondateurs de Babylone
« en donnant 360 stades à l'enceinte. Il est manifeste
« que les nombres de 400 et de 480 sont *des traduc-*
« *tions* de la même mesure en stades de différentes es-
« pèces. »

Ainsi il est mis que chaque côté de Babylone était de six-vingts stades, mais on a mis six-vingts pour six-seize, 6 fois 16 font 96 pour un côté, et 4 fois 96 font 384 (6 fois 64, 600 *calcul par* 8), nombre égal à celui des jours d'une année ancienne.

M. Jomard met 120 stades, le texte dit sans doute six-vingts. Quand au nombre 480 ce doit être un nombre conclu de 4 fois 120.

M. Jomard dit que les nombres 400 et 480 sont des *traductions* de la même mesure en stades de différentes espèces; c'est entrer dans mon sentiment que les nombres donnés sont des nombres *conclus* et non provenant de la traduction littérale, quoique ces nombres ne proviennent pas de la même mesure en différents stades, comme on le prétend.

Autre preuve que les nombres donnés appartiennent à la numération par 8.

Dictionnaire de l'Encyclopédie :

« Babylone. Ses murailles étaient flanquées de 250 tours. »

Babylone était carrée. Le quart de 250 ferait 62 tours 1/2 pour chaque côté, ce n'est donc pas 250, système par 10, mais 250 système par 8, soit 160. Il y aurait donc eu 40 tours sur chacun de ses côtés.

A l'appui de l'existence ancienne de la grande année de 48 périodes de 8 jours, ensemble 384 jours, se divisant en 2 petites années de 24 périodes de 8 jours, je vais rapporter un hiéroglyphe, le vautour.

Page 223 du livre des hiéroglyphes de Jean-Pierre Valérian, il est mis que la *principale* signification du vautour était celle *de l'année*, et que Pline écrit que selon le témoignage d'Ymbricius, le vautour pond 13 *œufs*, ce qui se rapporte aux 13 *conjonctions* de la lune avec le soleil *en tout le cours d'une année*.

Pour avoir 13 conjonctions, il faut précisément un espace de 384 jours. L'année aurait donc été de 384 jours, 48 périodes de 8 jours.

Page 232 : « Pour spécifier deux drachmes en nombre, les Egyptiens mettaient (dit Horus) le vautour, « estimant l'unité autant que 2 drachmes ou la di- « drachme. »

Comme une grande année de 384 jours égale 2 petites années de 192 jours, les Egyptiens ont dû choisir le vautour, représentant une année composée de 2 petites années, pour représenter la didrachme composée de 2 drachmes.

L'hiéroglyphe du vautour confirme donc, non-seulement l'existence de la grande année de 48 semaines de 8 jours, formant 384 jours (600 jours système par 8), mais aussi sa division en 2 petites années de 192 jours.

5me volume de la traduction de Strabon, page 590.

Article de M. Gosselin, sur les systèmes métriques des anciens.

« Le plus irrégulier des systèmes métriques qui « nous soit connu est celui que présente Ebn-al-ouardi. »

« Il cite l'almageste de Ptolémée pour dire que, selon « cet auteur, la circonférence de la terre est de 180,000 « stades. L'auteur *arabe* les évalue à 24,000 milles ou à « 8000 parasanges, et il ajoute :

« La parasange vaut 3 milles,
« le mille » 3000 coudées royales,
« la coudée » 3 spitames,

« la spitame vaut 12 doigts,
« le stade » 400 coudées.

« Ce système offre des combinaisons qu'on ne trouve « dans aucun autre, elles annoncent un mélange de mesu- « res hétérogènes auxquelles il faut chercher un élément « commun dont elles puissent toutes se composer. »

« Cet élément me paraît être *la coudée* que l'auteur « *nomme royale*, qu'il forme de 3 *spitames contre l'usage* « *ordinaire*, et sur laquelle on ne trouve d'ailleurs aucun « renseignement. »

J'ai transcrit cet article principalement pour la coudée *royale* de Babylone que l'on fait égaler à 3 spitames ou 9 palmes, et précisément j'ai fait égaler la coudée sacrée du sanctuaire de Jérusalem à 9 palmes. Ainsi la coudée sacrée du sanctuaire de Jérusalem et la coudée royale de Babylone seraient la même coudée.

On peut remarquer qu'aucune coudée ne nous est parvenue par la voie ordinaire des autres mesures sous cette désignation, coudée de 3 spitames ou de 9 palmes. Il est vrai qu'Ezéchiel avait cru la désigner suffisamment en disant que la coudée de l'autel était d'une coudée plus un palme. Cette désignation de 9 palmes nous est venue par un manuscrit arabe. C'est par la comparaison des manuscrits qui se trouvent dans les bibliothèques étrangères, soit de Vienne, Constantinople, Moscou, etc., que l'on pourrait espérer coordonner tous les nombres.

Il est mis, le stade vaut 400 coudées. Tous les cents anciens, pour moi, sont des cents de 64. J'ai donc cherché un rapport suivant cette base.

Un stade c'est 6 plèthres, un plèthre c'est communément 64 coudées de 6 palmes (pour les savants anciens c'était 48 coudées de 8 palmes formant la même mesure). En formant le cent de 64, un plèthre sera de 100 coudées, et un stade sera de 600 coudées, soit 600 coudées de 6 palmes égalant 400 *coudées de 9 palmes*, mais les 600 coudées de 6 palmes étant des 100 de 64, les 400 coudées de 9 palmes dont il est question dans ces articles, égalant un stade, seront aussi des 100 de 64.

J'ai établi à l'article de l'origine du pied romain que

le plèthre était de 64 coudées communes de 6 palmes; de ces 64 coudées communes on a formé sur la base de un pied et demi pour une coudée, 96 pieds, mais ce n'était pas encore un 100. Comme le plèthre était connu vulgairement pour une mesure de 100, au lieu du 100 de 64 coudées, les commentateurs ont formé un plèthre de 100 pieds, ce qui a augmenté la mesure du plèthre d'un 24e. La mesure ci-dessus mentionnée de 400 *coudées* pour un stade, corrobore ce que j'ai avancé que c'étaient des coudées et non des pieds, et aussi que c'est 64 pour un 100; donc la numération par 8 existait.

5me volume de la traduction de Strabon, page 586.

Articles de M. Gosselin sur les systèmes métriques des anciens.

« Hermès a aussi mesuré la circonférence de la terre; « il a donné à chaque degré 100 milles, et au périmètre « du globe 36,000 milles ou 12,000 lieues. »

J'ai établi à l'article sare que la multiplication alternative par 8 et par 6 menait au nombre 18,432, que ce nombre correspondait à 36,000, *système par* 8. Le nombre d'Hermès vient corroborer mon assertion, et mon assertion vient corroborer le nombre d'Hermès.

Page 482. Colonne *octogone* nilométrique.

« Le nombre de 16 coudées qu'offre *encore* la colonne « de Méqyâs, était consacré *depuis la plus haute anti-* « *quité* pour désigner la totalité de la crue. C'est pour « cela que la fameuse statue du Nil, fabriquée sous les « Ptolémée, transportée depuis à Rome, et qu'on a « vue quelques temps à Paris, était environnée de 16 « enfants, chacun de la taille d'une coudée, emblème des « 16 degrés de l'inondation. Sur le revers d'une mé- « daille de Trajan, représentant la statue du Nil, une « petite figure posée sur le dieu indique avec le doigt le « nombre 16 placé un peu au-dessus. »

Page 487 : « Les grandes crues dépassent quelquefois « de deux à trois coudées le sommet de la colonne ou « la *seizième graduation.* »

Cette graduation d'une colonne *octogone* de la plus haute antiquité, indique une numération par 8, et indique qu'alors le nombre 16 était le plus haut d'une période, car il est sensible par les 16 lettres, les 16 jours des calendes chez les Romains, qu'on s'était d'abord arrêté à 16 nombres, et qu'on en a ensuite ajouté jusqu'au nombre 24.

14e vol. des *Mémoires de l'Académie des Inscriptions.*

Page 273. « Ctésias ajoute que, peu après, Ochus ou « Darius-le-Bâtard tomba malade à Babylone, et y mou- « rut, après avoir régné 35 ans. »

Note. « Ctésias donne 35 ans de règne à Darius-le- « Bâtard, Diodore de Sicile ne lui en donne que 19. « La différence est considérable; peut-être vient-elle de « ce que les copistes ont mis un chiffre pour un autre « dans Photius. Diodore, qui compte par *olympiades,* « me paraît plus sûr. »

Voici mon explication. Les olympiades, dans l'origine, étaient des octaétérides de 8 ans, c'est-à-dire 8 petites années de 192 jours chacune. Ctésias aura pu compter 4 périodes de 8 ans plus 3, dont il a fait 35 ans, et Diodore 4 olympiades de 4 ans, plus 3, dont il a formé 19 ans.

Ceci à l'appui de deux demi-années pour une, et à l'appui des années de 192 jours.

L'article que je vais analyser ci-après, établit bien que le mot dixième *signifiait,* dans les temps anciens, huitième.

4e volume de la *Traduction de Strabon,* page 74.

Texte de Strabon.

« Ephore commence par énoncer que les Œtoliens « sont un peuple qui ne fut jamais soumis à aucun au- « tre; il rapporte qu'Œtolius, fils d'Indymion, étant ar- « rivé d'Œlide, etc. (1); que plus tard, *à la dixième gé-* « *nération, Oxylus, fils d'Hœmon,* ayant passé dans le « Péloponèse, forma la cité d'Élie. »

« A l'appui de cette assertion, Ephore cite deux épi- « graphes qui se lisent l'une sur la base d'une statue « d'Œtolius, érigée dans Thermi, l'autre au bas d'une « statue d'Oxylus, dressée sur la place publique des « Éléens. La première porte : *Au fondateur* de l'État, à

(1) Vers l'an 1318, avant l'ère chrétienne.

« Œtolius, fils d'Indymion, etc. La seconde est ainsi « conçue : Jadis, se séparant du peuple anthochthone « de ce pays, Œtolius, par de pénibles combats, conquit « la terre des Curètes. Mais *le dixième* rejeton *de la* « *même race*, Oxylus, fils d'*Hœmon*, a fondé cette an- « tique cité. »

En note, il met le texte grec, puis on explique que la traduction littérale est :

« Ils fondèrent les dix plus anciennes villes qui se trou- « vent en Œtolie, et qu'à *la dixième* génération *d'après*, « la cité d'Élis fut formée par *Oxylus, fils d'Hœmon*.

« Je sais que Pausanias peut aussi paraître nous don- « ner Oxylus pour *le dixième* descendant d'Œtolius, « car il dit que de Thoas, en remontant jusqu'à Œto- « lius, on trouvait six générations, et qu'Oxylus était « *le petit-fils* de Thoas; or, si l'on admet que les six gé- « nérations, en remontant de Thoas à Œtolius, doi- « vent s'entendre de six générations entre ces deux « personnages, Oxylus se trouvera *le dixième*, à com- « mencer par Œtolius. Néanmoins, *il faut l'avouer*, les « anciens mythologues ne comptent, d'un *commun ac-* « *cord*, d'Œtolius à Oxylus, que *huit* générations. Cette « difficulté embarrasse les chronologistes.

« J'ai cru devoir rendre littéralement les mots de « l'inscription *de la même race*, parce que de là, peut- « être, dépend une pleine solution de la difficulté. Stra- « bon a pensé que ces mots devaient s'entendre de la « postérité d'Œtolius, et que l'épigraphe donnait Oxylus « pour *le dixième* descendant d'Œtolius, ce qui ne « s'accorde point avec les généalogies transmises par « d'autres écrivains. Or, l'épigraphe ne se trouvera « point en contradiction avec leurs témoignages, si « nous entendons, non de la race dont Œtolius fut l'au- « teur, mais de la race dont il était lui-même issu, « c'est-à-dire celle de Jupiter. En effet, des amours de « ce dieu avec Protogénie I, était né Ethlius, aïeul « d'Œtolius, et, à compter de ce même Ethlius, Oxy- « lus II, fils d'Hœmon ou Andrœmon, se trouvait être « *le dixième* descendant *de Jupiter*, comme on peut le « reconnaître par ce tableau.

« Protogénie I et Jupiter.
« Ethlius.
« Indymion.
« Œtolius. . . . . . . Pœon.
« Calidon.
« Protogénie II et Mars.
« Oxylus I.
« Andrœmon.
« Thoas.
« Hœmon.
« Oxylus II, celui dont il s'agit. »

On voit par ce tableau qu'Oxylus II est bien *le huitième* descendant d'Œtolius, et non le dixième.

Les raisons que l'on donne à l'appui qu'Oxylus peut être *le dixième* ne me paraissent pas valables.

Il est mis qu'Oxylus peut être considéré comme le dixième rejeton de la même race qu'Œtolius, que la race commence à Jupiter, d'où descend Ethlius, puis Indymion, puis Œtolius, ce qui fait qu'Œtolius serait le troisième rejeton, et Oxylus le onzième rejeton de Jupiter, donc il ne serait pas alors le dixième. Il est mis qu'en commençant à Ethlius, Oxylus serait le dixième, cela est vrai. Mais c'est compter en remontant sur le tableau depuis Oxylus, et arrêter au nom qui se trouve être le dixième.

Il est mis que la traduction littérale porte : *qu'à la dixième génération d'après*. On parle d'Œtolius, la dixieme génération d'après ne peut être que la dixième génération après Œtolius.

La partie de la note, sur ce qu'elle fait dire à Pausanias, est inexplicable. Elle porte que de Thoas à Oxylus il y a *six* générations, qu'Oxylus est le petit-fils de Thoas; ce qui fait six plus deux, soit, conforme au tableau, *huit* générations; cependant on fait conclure dix générations d'après ce dire.

Enfin, la note laisse ensuite du doute si Homère n'a pas dit qu'Oxylus est fils d'Andrœmon et non fils d'Hœmon, ce qui diminuerait de deux les générations d'Œtolius à Oxylus, en le mettant *le sixième* rejeton au lieu du huitième. Donc, ce paragraphe de la note ne vient point encore à l'appui qu'Oxylus serait le dixième rejeton d'Œtolius.

Il est mis que *les anciens* mythologues, *d'un commun accord*, ne comptaient que *huit* générations. Mais, sans doute, ce point n'était pas douteux pour *les anciens* mythologues. Ce ne sont que les traducteurs subséquents qui ont défiguré l'article, en donnant le sens de dixième, tel que nous l'entendons actuellement, au mot qui alors signifiait le huitième d'aujourd'hui.

Si j'insiste sur ces nombres dix et huit, c'est que le nombre dix est donné comme provenant du texte de deux inscriptions, qu'il a donc une certaine authenticité, et que, malgré cette authenticité apparente, ce doit être le nombre *huit*; ce qui me fait conclure, en admettant les inscriptions telles qu'on les rapporte, que le mot ou la marque même *dix* signifiait *huit*.

Plutarque.

Page 187. « Pythiades ou périodes de 5 *ans*. »

Les pythiades n'étaient que de 4 ans. Voici ce qu'en dit le *Dictionnaire de l'Encyclopédie :*

« Espace de 4 ans révolus, depuis une révolution des
« jeux Pythiques jusqu'à l'autre. Les Grecs comptaient
« quelquefois par pythiades, quoique ce fut ordinaire-
« ment par olympiades. »

Page 533. « 3 olympiades qui font 15 *ans*. »

Les olympiades étaient de 4 ans, c'est 8 plus 4 ou 12 ans, et non 10 plus 5 ou 15 ans.

Page 192. « Dionisius le père, comme les orateurs
« qui devaient haranguer devant le peuple, tiraient au

« sort *des lettres*, pour savoir l'ordre auquel ils auraient « à parler. »

Ceci à l'appui que, dans l'origine, les lettres étaient des chiffres.

Astronomie ancienne de BAILLY, page 174.

« Plutarque rapporte (*de facie in orbe lunæ*) que, « selon les Égyptiens, la Lune était *la* 72e *partie* de la « Terre. »

Pour moi, ce nombre 72 est exprimé au calcul par 8, ce qui ferait la 58e partie; mais comme souvent les 4 ont été changés en 5, les 5 en 6, les 6 en 7, il s'en suivrait que la 72e partie aurait été mise pour la 62e partie; ce nombre 62, réduit au calcul par 8, correspond à 6 fois 8 plus 2, soit donc la 50e partie. Les astronomes modernes marquent que la Lune est un peu plus que la 49e partie de la Terre. Ceci vient donc à l'appui que les nombres anciens sont exprimés au calcul par 8.

[illegible] 1733, t. 7, p. 230.

« *Course*. Elle était de 20 stades, suivant le scholiaste « d'Aristophane, et de 24 stades, suivant Suidas. »

24 stades, système par 8, égalent 20, système par 10 24, c'est 2 fois 8 plus 4, soit 20.

Dictionnaire de l'Encyclopédie.

« *Jeux Olypiques.* Voici ce que Pausanias dit en « avoir appris *sur les lieux mêmes*. Jupiter étant venu « au monde, Rhéa, sa mère, en confia l'éducation à 5 « dactiles du mont Ida. Hercule, l'aîné des 5 *frères*, « proposa de s'exercer entre eux à la course. C'est donc « Hercule Idéen qui a eu la gloire d'inventer ces jeux, « et qui les a nommés Olympiques; *et, parce qu'ils* « *étaient* 5 *frères*, il voulut que ces jeux fussent cé- « lébrés *tous les* 5 *ans*. »

Je n'ai pas besoin de dire que ces jeux étaient célébrés tous les 4 ans. On dit 5 ans au lieu de 4 ans, parce que la marque du 4 ancien a ensuite signifié 5, et sans doute le mot même, pente, ou celui dont il vient, qui veut dire maintenant cinq, signifiait alors quatre. Puisque les olympiades avaient lieu tous les 4 ans, il n'y avait que 4 frères, et s'il n'y avait que 4 frères, il n'y avait que 4 *dactiles*.

« *Jeux quinquennaux*, fondés à Tyr, à l'imitation des « jeux olympiques de la Grèce. *On les appelle quin-* « *quennaux*, parce qu'on les célébrait tous les 5 ans, « *c'est-à-dire* au bout de 4 ans, car d'un jeu olympique « à l'autre, il n'y avait que 4 ans. Les jeux quinquen- « naux s'établirent par la suite des temps dans plu- « sieurs villes de l'empire Romain, en l'honneur des « empereurs déifiés. »

Ceci indique que le mot même quinquennal voulait dire *quatre*.

Ces jeux venaient de Tyr, une des plus anciennes villes où le calcul des chiffres avait été en usage, ce qui indique qu'on y comptait par huit; de même que le mot dix signifiait 8, le mot cinq signifiait 4.

L'Illiade.

Dans le sommaire du 24e livre, je vois qu'Achille accorde à Priam *onze* jours pour les funérailles d'Hector; ce doit être *neuf* jours, 8 plus 1 et non pas 10 plus 1. Dans les chapitres précédents, il est fait mention plusieurs fois du nombre 3 fois 3, soit 9; le nombre onze est exprimé au calcul par 8, on aura pris le signe 8 plus 1 pour celui 10 plus 1; 3 fois 3, qui font 9, au calcul par 10, doivent se poser, au calcul par 8, par 11.

Fréret. *Histoire*. Tome 2, page 205.

Sur la date de la bataille de Platée.

L'article que je vais discuter vient à l'appui que les mois anciens étaient de 24 jours. Dans cet article, Fréret critique Plutarque (à tort selon moi) sur ce qu'il a avancé que le 3 du mois bœdromion à Athènes était le 27 du mois panemus, suivant *la manière* de compter des Béotiens. La preuve que Plutarque en donne, dit Fréret, était que, de son temps, les députés de la Grèce s'assemblaient encore *à Platée*, le 27 du mois panemus, pour offrir, en mémoire de cette éclatante journée, un sacrifice solennel à Jupiter libérateur. Fréret dit que Plutarque ajoute : « Qu'on ne s'étonne pas d'une telle « irrégularité dans le calendrier de ce temps-là. La « science de l'astronomie est à-présent mieux cultivée « qu'elle ne l'était alors. Nous voyons que le commen- « cement des mois des différentes villes ne se rappor-

« tent en aucune façon, et que ces mois *enjambent les* « *uns dans les autres.* »

J'ai fait les mois de 24 jours, la bataille de Platée ayant eu lieu le 3 d'un mois, à une époque et dans un pays où les mois étaient de 24 jours. Il a fallu nécessairement, lorsque le mois précédent de 24 jours a été porté à 30 jours, reporter au 27 de ce mois précédent, 24 plus 3, l'anniversaire de la bataille qui avait lieu le 3 du mois suivant.

Fréret. *Histoire*, 4e vol., page 40.

« Amasis régna 44 ans, selon Hérodote, et 55 ans, « selon Diodore. »

Les deux 4 d'Hérodote ont été changés en deux 5 dans Diodore, et encore, comme le nombre cité d'Hérodote est au système par 8, ce nombre 44 ne fait que 36 ans.

Observations sur la Chronologie de Newton, par Fréret, tome 2.

Page 96. « Pausanias compte 10 de ces rois, savoir : « 4 jusques et *compris* Prumnis, *père* de Bacchis, et 6 « en comptant ce Bacchis, duquel les rois suivants pri- « rent le nom de Bacchides. Diodore n'en compte que « 9, et s'il semble en mettre 10, c'est que Bacchis est « compté *deux fois*, comme le cinquième des Héraclides, « et comme le premier des 5 Bacchides. »

Ces 10 rois sont mis pour 8. Il est marqué 4 jusques et compris Prumnis, père de Bacchis, et 6 en comptant Bacchis. Mais 4 et Bacchis, cela ne fait que 5 et non 6. Ensuite, il est mis que Bacchis est le premier des 5 Bacchides, mais on a mis des 5 Bacchides, au lieu des 4 Bacchides, parce que les 4 de la numération par 8 sont devenus les 5 de la numération par 10, ce qui fait au total 8. Ceci est bien sensible par le nombre *cité*, 6, qui n'est évidemment qu'un 5. Puis, Bacchis se trouvant le cinquième des 5 Héraclides et, en même temps, le premier des 4 Bacchides, il faut le retrancher soit des 5 Héraclides ou des 4 Bacchides, ce qui réduit bien le total à 8.

Mémoires de l'Académie. Année 1733, t. 7, p. 212.

Explication et correction de quelques endroits de Pline.

Il est mis que, dans Pline, on compte, de l'embouchure du Danube au canal du Pont-Euxin, 560 milles au lieu de 460 milles.

A l'appui de cette correction, il est mis :

« Pour s'assurer de la nécessité de cette correction, « il suffit de faire attention à ce que les Romains et les « auteurs Latins ont observé, en copiant dans les auteurs Grecs, ce qu'ils avaient écrit de l'étendue des « pays où la nation Grecque était répandue. On sait « que leur usage était de prendre 8 stades pour *un* « mille; Pline, Columelle, Censorin, sont des témoins « sûrs de cet usage. *Par conséquent*, si on prétend qu'il « y a 560 milles de l'embouchure du Danube au canal « du Pont-Euxin, qui est ce qu'on lit dans Pline, il faut « que les Grecs y aient compté 4480 stades; *mais Arien* « qui a copié ces Grecs, n'y en a compté que 3680. Ce « nombre *n'est pas douteux*, puisqu'il résulte des dis- « tances particulières de tous les lieux où l'on pouvait « mouiller, en allant par mer, de l'embouchure du Da- « nube à Byzance.

« Il est vrai qu'on trouve quelquefois entre *deux an-* « *ciens*, qui marquent l'étendue des mêmes pays ou « des mêmes côtes, des différences aussi considérables « que celles qu'il y aurait entre Pline et Arien, si Pline « avait écrit ce qu'on lit dans son texte. »

Ce que je remarque dans cet article, ce sont les deux nombres bien différents de 4480 stades et 3680 stades, dont le premier, exprimé au calcul par 8, est le même que le second, exprimé au calcul par 10. 4 mille, calcul par 8, c'est 4 fois 8 cents ou 32 cents; en y ajoutant les 4 cents et 80, cela me donne 36 cents 80 ou 3680, soit le nombre donné par Arien.

Page 263.

Eclaircissement sur l'histoire de Lycurgue, par M. De La Barre.

M. De La Barre dit : On ne saurait douter que le nombre des anciens qui ont suivi l'opinion que Lycurgue était éloigné de 6 dégrés de Proclès, ne soit très-grand; Ephore, cité par Strabon, le dit nettement; Eutychidas le dit aussi; M. De La Barre dit ensuite, que Plutarque a eu tort de croire qu'Eutychidas avait compté, entre Proclès et Lycurgue, un degré de plus que n'en comptaient la plupart des anciens. Ils font ainsi, dit Plutarque, l'énumération des ancêtres de Lycurgue : Proclès, Soüs, Eurytion, Prytanis et Eunome qui fut père de Polydectes et de Lycurgue; cependant Eutychidas assure qu'il était éloigné de 6 générations.

M. De La Barre dit que cette observation de Plutarque sert à montrer qu'au temps de Plutarque on comptait les degrés en Grèce de la même manière qu'on les compte parmi nous, qu'il n'en avait pas toujours été ainsi, que précédemment on comptait les deux termes extrêmes. Je ne pense pas que l'on doive adopter une telle raison : la marque du nombre 6 dans la haute antiquité correspondait à la marque actuelle du nombre 5, c'était 4 plus 1, qu'on a traduit par 5 plus 1. C'est pourquoi aussi on aura fait les olympiades de 5 ans au lieu de 4; on a donc traduit 6 générations au lieu de 5.

Mémoires de l'Académie, année 1743. Tome 14, page 375 :

« Première dissertation sur Pythagore, par M. De La « Nauze. Suivant Pline, Pythagore de Samos fut le pre« mier qui s'aperçut, environ à la XLIIe olympiade « (l'an 142 de Rome), que la planète de Vénus est la « même que l'étoile du matin appelée Lucifer et que « l'étoile du soir nommée Hespérus ou Vesper. Le père « Hardouin, appuyé du suffrage de certains manus« crits, soutient que la date de Pline est beaucoup plus « ancienne que la XLIIe olympiade et que *l'an* 142 de « Rome. Il veut qu'on lise la XXXIIe olympiade qui se « voit dans quelques manuscrits et 93e année de Rome, « *qui ne se voit dans aucun.* »

Pour moi, par le calcul par huit, ces deux nombres sont le même, L n'est pas 50, mais un demi-cent ou 32; X c'est 8; ainsi XLII, c'est 32 moins 8 plus 2, soit 26e olympiade; XXXII, c'est 3 fois 8 plus 2 ou également 26. M. De La Nauze dit que d'ailleurs les manuscrits qui portent XLII et XXXII portaient *également* la 142e année de Rome, ce qui vient à l'appui que la différence apparente n'existe que dans la manière de transcrire les nombres des olympiades, et, suivant le système par 8, il n'y a plus de différence.

Mémoires de l'Académie, année 1729. Tome 6, page 425 :

Dissertation sur la durée du siége de Troie, par M. l'abbé Banier.

L'auteur prétend que Troie fut prise *la* 10e *année;* que le siége proprement dit commença la 10e année; qu'auparavant les Grecs étaient campés sur le rivage de Ségée. Les critiques veulent que les Grecs ne descendirent dans la Troade qu'au commencement de la 10e année après leur départ d'Aulide. On fait plusieurs citations dans lesquelles figure le nombre 9.

Suivant mon système que l'on a mis 10 pour 8, le siége de Troie n'a duré que 8 ans; le nombre 9 a été mis pour 7, et à l'appui que le 9 a été mis pour 7, je dirai qu'il est mis, page 440, que Dictys de Crète *fait durer* les préparatifs du siége l'espace de 7 *ans*. Si donc 7 ans a été exprimé par 9, 8 ans aura été exprimé par 10; enfin l'expression ancienne de 10 ans signifiait 8 ans. Le siége de Troie n'a duré que 8 ans, tous les auteurs sont d'accord que le siége proprement dit n'a duré qu'un an, et comme les préparatifs du siége ont duré 7 ans, cela forme 8 ans. Il y a ici une analogie avec la 40e année, 1re de Numa succédant à la 37e ou 38e année, dernière de Romulus.

« 9e volume, page 401. Selon saint Epiphane, il y avait « dans la bibliothèque d'Alexandrie environ 54,800 « volumes et selon Joseph 200,000. »

200,000, système par 8, égalent 65,536, système par 10; donc c'est à peu près le même nombre.

Mémoires de l'Académie, année 1733. Tome 8, page 341.

Remarques sur la route de Sardes à Suses, décrite par Hérodote, par M. de La Barre:

« La description de la route de Sardes à Suses « qu'Hérodote a donnée dans le 5e livre de son his- « toire, souffre quelques difficultés, sur lesquelles j'ai « fait des réflexions que je vais proposer à la com- « pagnie.

« L'historien observe d'abord, qu'il y avait sur toute « la route de belles maisons royales ou publiques, où « l'on pouvait prendre du repos. Il marque à chaque « province combien il y avait de maisons de cette sorte, « et je n'y en trouve que 81; cependant il assure en- « suite qu'il y en avait 111.

« Il en est *de même,* si vous comparez ce qu'il compte « de parasanges à chacune des provinces qu'on traver- « sait, et ce qu'il en compte pour la route entière: « pour celle-ci, vous trouvez 450 parasanges, au lieu « que les distances particulières réunies, ne vous en « donneront que 313.

« J'ai cherché où pouvait être l'erreur, et je n'ai pas « eu de peine à m'assurer qu'elle n'était pas dans la « distance générale; tout y est *précis*, et ce n'est pas « seulement en parasange qu'Hérodote l'exprime, il a « soin de réduire la mesure Persique à la mesure « Grecque, et compte 13,500 stades de Sardes à Suses, « après avoir assuré en termes exprès qu'il y avait 30 « *stades au parasange.* Son dessein, dans la description « de cette route, était de faire voir qu'Aristagoras de « Milet avait eu raison de dire à Cléomènes, roi de La- « cédémones, qu'en 3 *mois* de chemin, soit en 90 *jours,* « en faisant 150 stades par jour, on parcourrait cette « distance de 13,500 stades. »

« Hérodote marque toujours *deux choses* dans la des- « cription de chaque article, le nombre des maisons « royales ou publiques qu'on trouvait dans la province, « et celui des parasanges qu'on faisait en la traversant. » C'est ainsi qu'il compte :

20	maisons publiques et	94	parasanges	1/2 dans la Lydie et la Phrygie;
28	»	104	»	dans la Cappadoce;
3	»	15	»	1/2 dans la Cilicie;
15	»	56	»	1/2 dans l'Arménie;
11	»	42	»	1/2 dans la Cissienne.
77 maisons		313 parasanges.		

On voit à l'addition du total 77 maisons. Cependant Hérodote en met 111; mais 111, c'est un cent de 64 plus 11, ce qui ferait 75 maisons en laissant subsister 11 pour 11. Mais le nombre 11 réduit au système par 8 serait 8 plus 1 ou 9, ce qui ne ferait alors que 73 maisons au lieu de 77. On a l'embarras du choix pour retirer 2 ou 4 maisons des nombres partiels formant 77. Ainsi, en réduisant le dernier nombre inscrit 11 au lieu de 9, je viens au nombre 75, je puis réduire le nombre 15, 10 plus 5 en celui 13, 8 plus 5. De même le nombre 28 pourrait être réduit à 26, parce qu'il est probable que si on avait vu dans Hérodote 28, le nombre 8 ayant la marque du 10, on aurait mis 30, et, dans le système par 8, 30 moins 2 doit se poser comme 26.

Pour le nombre de parasanges, l'addition donne 313. Hérodote donne 450, mais ce nombre 450, réduit au calcul par 8, ne donne plus que le nombre 288, en comptant 50 pour un demi-cent ou 32; il donnerait 296 en comptant 50 pour 5 fois 8 ou 40. Ce qui fait une différence dans le premier cas de 25, et dans le deuxième cas, de 17, avec le nombre total trouvé 313.

J'ai un second point à faire ressortir de cette citation, ce point est que les mois étaient dans l'antiquité de 24 jours.

M. De La Barre dit que la distance générale 450 parasanges est *exacte*, parce qu'elle *ressort* encore d'une autre manière de l'exprimer. Il marque qu'Hérodote a soin de réduire la mesure Persique en la mesure Grecque en comptant 13,500 stades de Sardes à Suses après avoir assuré en termes exprès qu'il y avait 30 stades au parasange (effectivement en multipliant 450 par 30 on a 13,500), et que cette mesure ressort aussi du dessein d'Hérodote de faire voir qu'Aristagoras de Milet avait eu raison de dire à Cléomènes, qu'il y avait 3 *mois* de chemin, en parcourant 150 stades *par jour*, pour arriver à la résidence du roi (150 stades multipliés par 90 jours donnent également 13,500).

Ce raisonnement est juste. Le nombre 450 ressort bien de ce raisonnement, et cependant j'ai ramené ce nombre à 288. Suivant le calcul par 8, tous les nombres cités par M. De La Barre reviennent également avec exactitude, ce doit être ainsi; mais je mentionne le fait pour faire voir que lorsque tous les nombres du calcul par 8 sont changés régulièrement en ceux du calcul par

10, on ne peut s'en apercevoir; mais, pour la citation ci-dessus, il en ressort *une conséquence remarquable*, c'est que, ainsi que je l'ai établi, les mois étaient dans l'antiquité *de 24 jours*.

Ainsi les 13,500 stades, calcul par 8, correspondent au calcul par 10 à 6912. Les 30 stades au parasange, c'est 24 stades; comme d'ailleurs cette base est admise par le plus grand nombre des auteurs, les mois de 30 jours sont réduits également à 24 jours. Ainsi 288 parasanges multipliés par 24 jours donnent 6912 stades; 3 mois de 24 jours font 72 jours, qui multipliés par 96 stades (nombre correspondant à 150) donnent également 6912 stades (nombre correspondant à celui 13,500).

Ainsi donc ce passage bien raisonné établit non-seulement que l'on comptait au calcul par 8, mais il établit aussi que les mois étaient de 24 jours.

Mémoires de l'Académie, année 1743. Tome 14, page 374:

« Le poëte Théognis de Mégare était aussi plus an-« cien qu'Hérodote, il écrivait en la *LVIII*e olympiade « selon Eusèbe, et en la *LIX*e selon Suidas. »

Suivant ma manière, ces deux nombres seraient les mêmes. Le premier VIII, c'est 4 plus 3 ou 7, le second IX, c'est 8 moins 1 ou 7.

« Page 365, il est mis: les dates mentionnées plus « haut sont incompatibles avec le calcul d'Hérodote qui « donne 38 ans de règne à Gigès, 49 à Ardys, 12 à Sa-« dyatte, 57 à Halyatte et 14 à Crésus. Les trois règnes « les plus longs, ceux de Gigès, d'Ardys et d'Halyatte, « sont les seuls auxquels *Eusèbe* donne moins de durée « qu'Hérodote. »

Les nombres d'Hérodote étant au calcul par 8, doivent être plus grands que ceux d'Eusèbe, si Eusèbe les marque au calcul par 10. Je n'ai pas les nombres d'Eusèbe, mais je vois, même page, pour ce qui concerne Halyatte, que les interprètes des marbres Lydiat et Prideaux rapportent que l'*époque d'Halyatte* est marquée dans les marbres 49 *ans* avant l'époque du règne de Crésus et que ce nombre de 49 est précisément l'intervalle mis par *Eusèbe* entre les époques d'Halyatte et de Crésus.

Le nombre 57 d'Hérodote étant 5 fois 8 plus 7, fait 47 ans; Eusèbe donne 49, c'est à peu près égal. Puis le nombre d'Hérodote 57 ans peut avoir été considéré au calcul par 8 comme 60 moins 1, soit 59, ce qui ferait 5 fois 8 plus 9 ou 49.

Histoire des Perses, suivant l'extrait que Plotius nous a laissé, par M. l'abbé Gédoyn :

Page 359, il est mis que Darius avait régné 31 *ans*.

En note, on dit qu'Hérodote et le canon des rois d'Assyrie donnent 36 ans de règne à Darius.

36 ans au calcul par 8, c'est 30 ans, ce qui établit encore que les nombres d'Hérodote sont au calcul par 8. Quant à la différence d'un an, cela peut s'expliquer par la manière différente de compter une fraction d'année pour une année, ou de ne pas compter cette fraction.

Fréret, *Chronologie*, tome 3, page 12:

« Hérodote donne 11,340 ans de durée au règne des « hommes, depuis le commencement de Ménès jusqu'à « Séthon. Diodore, suivant en cela Hécatée de Milet, « donne 9500 ans de durée au même règne des hom- « mes, depuis Ménès jusqu'à la conquête de l'Egypte « par Cambyse. Mais *ce même* Diodore réduit la durée « de tous les rois Egyptiens à 4700 *environ*, ce qui « *montre* qu'il ne regardait pas ces 9500 ans comme « des années solaires, mais comme des intervalles de « quelques mois. »

Le premier nombre 11,340 au calcul par 8 serait pour les mille 8 plus 1 ou 9, soit 9340, ce qui revient à peu près au nombre 9500, suivant Hécatée de Milet, rapporté par Diodore; puis, réduisant 500 au calcul par 8, j'ai 5 fois 64, soit 320, ce qui ferait 11,320, le nombre 11,340 serait mis pour 11,320.

Si je réduis le nombre 9500 suivant le calcul par 8, j'ai :

pour 9 mille (le mille de 8 fois 64 ou 512)	4608
pour 500 mis pour 400 ou 1/2 mille	256
	4864

Ce qui est bien près du nombre cité 4700, et encore il est mis 4700 *environ;* ainsi, comme on donne ces nombres différents, comme étant de Diodore de Sicile, il paraît qu'ils sont exprimés par lui, suivant les deux numérations par 8 et par 10.

Page 16. « Nous voyons dans Platon que les prêtres « de Saïs montrèrent à Solon, dans leurs livres sacrés, « d'anciennes histoires qui étaient arrivées 9000 ans « avant leur temps et qui précédaient de 1000 ans la « fondation de Saïs. »

Ceci confirme ce que j'ai écrit précédemment, que ces 9 mille ans sont exprimés au calcul par 8.

Je vais transcrire quelques citations tirées de la traduction d'Hérodote, par M. Larchet; elles viendront à l'appui que les nombres d'Hérodote sont au calcul par 8. Tous les auteurs admettent que les nombres d'Hérodote ont été changés par les divers traducteurs, ceci est évident; mais ils n'ont pas soupçonné que ces nombres étaient exprimés suivant un autre mode de numération que celui par 10. Je vais disséquer ces nombres d'Hérodote.

Livre Ier, chapitre XXXII. Voici ce que l'on fait dire à Solon :

« Je donne à un homme 70 ans pour le terme de sa « vie, ces 70 ans font 25,200 jours, en omettant les mois « intercalaires; mais si de deux années l'une, on ajoute « un mois afin que les saisons se retrouvent *précisé-* « *ment* au temps où elles doivent arriver, dans les 70 « ans vous aurez 35 mois intercalaires qui feront 1050 « jours, lesquels, ajoutés à 25,200, donneront 26,250; « or, de ces 26,250 jours qui font 70 ans, vous n'en « trouverez pas un qui produise un événement abso- « lument semblable. »

Il résulte des calculs de cette traduction que les années auraient été de 375 jours, c'est contre le sens commun. Mais Hérodote a dû calculer sur deux années de 12 lunaisons, *plus* une année de 13 lunaisons (et non pas 2 années *dont* une de 13 lunaisons), pour que les saisons se retrouvent *précisément* au temps où elles doivent arriver. Deux années de 12 lunaisons et une de 13, soit

2 années de 355 jours et une de 384, donnent des années moyennes de 364 jours 2/3.

Livre I, chapitre CXLIV.

« Il en est de même des Doriens de la *Pentapole*, pays « qui s'appelait auparavant Hexapole. »

Ceci établit que le mot même hexapole, qui, maintenant, signifie 6, signifiait 5.

Livre I, chapitre XCI :

« Crésus est puni du crime de son cinquième an- « cêtre. »

Note 232 : « Crésus était le cinquième descendant de « Gygès, en comprenant dans ce nombre de cinq *les deux* « *extrêmes*, le premier et le dernier de la race ; car voici « la suite des rois de Lydie de la maison de Mermnadès : « Gygès, Ardys, Sadyattes, Alyattes, Crésus. Telle était « la manière de compter des anciens Grecs en parlant « des degrés généalogiques dans le nombre des aïeux et « des descendants ; ils comprenaient les deux extrêmes. »

Le cinquième d'autrefois est devenu le quatrième, ce n'est donc pas parce que l'on comprenait les deux extrêmes qu'il est mis le cinquième, mais les traducteurs donnent à peu près généralement cette raison pour expliquer la différence dans les chiffres. 5 est mis pour 4 ; 6, pour 5 ; 7, pour 6.

Livre II, note page 155 :

« Géminus fleurissait, suivant le P. Peteau, la 4me « année de la 175me olympiade ; mais si l'on en croit « le P. Bonjour, il vint au monde la 4me année de la « 160me olympiade. »

La 175me est mise pour la 174me, le 5 pour un 4 ; et la 174me, système par 8, c'est la 160me olympiade, 7 fois 8 plus 4 qui font 60 ; c'est donc la même olympiade ; je ne parle pas du 100, c'est un 100 de 64 dans les deux nombres.

Livre 2me, article CXLV. Hérodote dit :

« De Bacchus, il y a jusqu'à moi (c'est-à-dire jusqu'à « Hérodote) environ 1060 ans ; depuis Hercule *près* « de 900 ans ; et Pâris est postérieur à la guerre de « Troie, et on ne compte de lui jusqu'à moi qu'environ « 800 ans. »

« Note 475. (Environ mille soixante ans) : il y a dans « le texte grec environ *seize cents ans*, et l'on ne trouve « *aucune variété* dans les manuscrits. Mais Hérodote dit « tout de suite que depuis Hercule jusqu'à lui, il n'y « avait que 900 ans ; or, on sait par Apollodore et Dio- « dore de Sicile qu'il n'y a eu que cinq générations entre « Bacchus et Hercule, lesquelles cinq générations ne « peuvent faire, suivant le calcul même d'Hérodote, « qu'environ 160 ans ; il s'en suit que de Bacchus à Hé- « rodote, il ne doit y avoir que 1060 ans. »

Le traducteur, M. Larchet, déclare qu'il y a dans le texte grec 1600 *ans* et que l'on ne trouve *aucune variété* dans les manuscrits. Il faut savoir gré à M. Larchet d'avoir dit que le texte grec portait 1600 ans. Ainsi 1600 au calcul par 8, c'est un 1000 plus 600, soit 14 cents de 64 qui font 896 ans, soit donc près de 900 ans. En ajoutant les 150 ans *environ* mentionnés, cela fait 1046 ans, soit donc environ les 1060 ans mentionnés ; ceci établit que les 1600 ans mentionnés dans *les textes grecs* sont au calcul par 8.

Chapitre CLXI : « Apriès régna 25 ans.

Note 509 : « Il en régna 22 suivant Diodore de Sicile, « 19 selon Le Syncelle qui, dans un autre endroit, lui « en donne cependant 34. »

Les 25 ans doivent être 24, soit 2 fois 8 plus 4 qui font 20 ans. Il est probable que les 34 ans de Le Syncelle sont mis pour 24, soit 20 ans.

J'ai toujours pensé que les sept sages étaient mis pour les six sages, parce que 5 est mis pour 4, 6 pour 5 et 7 pour 6. Voici un article qui vient à l'appui.

Livre III, note 48 :

« Périandre, ce tyran est mis au nombre des *sept* « *sages ;* cependant Platon met à sa place Myson de Chen « en Laconie. Je ne puis croire cependant que ce phi- « losophe l'ait jugé indigne de ce titre à cause qu'il « était tyran, comme le pense Clément d'Alexandrie ; « je crois plutôt que la tradition sur ces sept sages « était *fort incertaine*, puisqu'on mettait à la place de « Périandre tantôt Anacharsis, tantôt Epimenis de « Crète, tantôt Arcesilaüs d'Argos et Myson de Chen. »

On peut remarquer que la tradition sur les sept sages était incertaine, puisque les auteurs ne sont pas d'accord sur le septième nom. Ils ajoutaient selon leur idée un nom pour former le nombre 7 qu'ils croyaient être mentionné, tandis que ce 7 n'était que 6.

Livre V, chapitre LXXXIX, note 118.

« Suivant Hérodote et le poète Eschile qui était con-« temporain, la flotte des Perses se montait à 1207 « vaisseaux, et suivant Diodore de Sicile à plus de « 1200. »

Vient ensuite l'énumération suivant Hérodote et celle suivant Diodore de Sicile; je trouve dans ces deux énumérations quelques nombres qui viennent à l'appui qu'ils sont exprimés au calcul par 8.

		Suivant Hérodote.		Suiv. Diodore de Sicile.
Ainsi les Hellépontiens	ont fourni	100	vaisseaux,	80
» les Ciliciens	»	100	»	80
» les Lyciens	»	50	»	40

Le nombre 100 est 64, 4 fois 16, que dans Diodore on a traduit par 4 fois 20, 80.

Le nombre 50 d'Hérodote est mis pour 40; on a mis un 5 pour un 4, 4 fois 8 ou 32, un demi-cent.

Le cent était bien composé de 4 fois 20, mais 20 signifiait ce que signifie aujourd'hui le nombre 16, c'était donc 4 fois 16 ou 64; — puis Hérodote et Diodore étant d'accord sur le nombre total 1207 environ, les nombres partiels ne peuvent pas différer comme 100 et 80.

Livre VII, chapitre CXIV, note 147.

« Amestris, femme de Xercès, fit enterrer 14 enfants; « Plutarque met 12 hommes. »

14 c'est 8 plus 4 ou 12.

Livre VIII, chapitre CXXXVII.

« Alexandre descendait au septième degré de Perdic-« cas. »

Chapitre CXXXIX. — « Alexandre descendait de ce « Perdiccas de la manière suivante : il était fils d'Amyn-« tas, Amyntas d'Alcétès, Alcétès d'Aréopas, Aréopas « de Philippe, Philippe d'Argéus, et celui-ci de Perdic-« cas. »

En notes il est mis : « pour trouver les sept degrés,
« il faut, suivant l'usage d'Hérodote, compter les deux
« extrêmes Alexandre et Perdiccas. »

Il était mis dans Hérodote le sixième degré, mais tous les 5 étant mis pour des 4, les 6 pour des 5, les 7 sont mis pour des 6.

Livre VIII, note 159.

M. Larchet met la 33me olympiade, parce qu'elle est désignée dans le grec la 8me après la 25me ; il ajoute que l'abbé Gédoyn a traduit la 28me olympiade.

Je ferai observer que la 25me dans le grec est mise pour la 24me, un 5 pour un 4, — et la 24me c'est 2 fois 8 plus 4, soit la 20me olympiade, de sorte que celle désignée la 8me après serait la 28me. M. l'abbé Gédoyn aurait donc eu raison de la désigner sous la dénomination de la 28me olympiade.

Livre IX, note 29.

A l'occasion des nombres, M. Larchet dit : « le calcul
« se rapporte, mais les copistes peuvent l'avoir *ajusté*. »

Je mets ceci parce que les copistes ont cherché à ajuster tous les nombres, et c'est par ceux mal ajustés que je découvre le calcul par 8.

Tome VI, *Essai de chronologie sur Hérodote*, page 176.

« Il s'est écoulé, selon quelques-uns, 10,000 ans
« depuis Osiris et Isis jusqu'à la fondation d'Alexandrie,
« et, selon quelques autres, un peu moins de 23,000
« ans. »

23,000, système par 8, égalent 9728, système par 10.

Page 269. « Cependant Moïse de Chorène nomme 5
« rois qui régnèrent aussitôt après la révolution, et
« Eusèbe et Le Syncelle ne parlent que de 4. »

5 est mis pour 4.

Page 283. « Bérose donne 4 ans de règne à ce prince,
« mais le canon lui en assigne 5. »

Toujours 5 est mis pour 4.

Page 474. « Siracuse fut fondée, suivant Eusèbe, la
« 4me année de la 11me olympiade ; le P. Peteau, qui
« s'appuie du témoignage de ce chronologiste, place cet
« événement la 4me année de la 9me olympiade. »

La 11me olympiade, c'est 8 plus 1, soit la 9me.

Page 497. « Ce peuple (les Lacédémoniens) avait défendu de se marier avant l'âge de 36 ou même de 37 ans, et il paraît que c'est à cette loi que fait allusion Aristote, lorsqu'il dit qu'il ne faut pas se marier tant que le corps prend de l'accroissement, et que les hommes ne doivent prendre une compagne que vers leur 37me année. »

37 est mis pour 36 ; c'est parce que certains traducteurs ont mis 37 pour 36 que l'on a mis ici 36 *ou même* 37; ceci vient à l'appui de ce que j'avance que les 7 sont mis pour des 6, etc. Le nombre 36 est au calcul par 8, c'est 3 fois 8 plus 6, soit 30 ans. Puis il est mis : tant que le corps prend de l'accroissement, c'est déjà beaucoup de supposer de l'accroissement jusqu'à 30 ans; ce nombre 36 est donc exprimé au calcul par 8.

Page 526. « En effet, Aristote avance d'abord que la dynastie des Cypsélides régna 73 ans et demi. Ensuite, il donne 30 ans de règne à Cypsélus, 44 ans à Périandre et 3 ans à Psammétichus (l'addition fait 77 au lieu de 73). Cela ne peut absolument s'accorder, et il faut qu'il y ait erreur ou dans les nombres partiels ou dans le total; la même erreur se retrouve dans l'édition d'Alde qui est la première de cet auteur. »

Je trouve dans cet article deux faits importants à l'appui de ce que je prétends prouver, savoir que les 7 sont mis pour des 6, puis, que les nombres sont exprimés suivant la numération par 8 ; ainsi 73 ans est mis pour 63 ans, un 7 pour un 6 ; puis les nombres partiels 30, 44 et 3, réduits au calcul par 8, sont 24, 36 et 3. L'addition de ces 3 nombres donne bien 63; cette double preuve est bien extraordinaire.

Pythagore.

Suivant tout ce qu'on attribue à Pythagore, il me paraît qu'il employait le calcul par huit. Ce que l'on rapporte d'après lui, sur le nombre 10 en particulier, me semble se rapporter mieux au nombre 8. Tout ce qui est écrit sur l'ordre et l'harmonie des nombres s'applique à un calcul par 8, et n'est point applicable à un calcul par 10.

Mémoires de l'Académie des Inscriptions, 29e volume, page 238.

« Pythagore avait vu que, dans la nature comme « dans les nombres, tout était un et plusieurs sous di- « vers aspects; que, dans la nature comme dans les « nombres, toutes les opérations se faisaient par com- « position ou addition, et par résolution ou division; « que, dans l'un comme dans l'autre, il y avait des rap- « ports de toute espèce, résultant de combinaisons « possibles à l'infini.

« La monade, la dyade, la triade, la tétrade, chaque « nombre avait ses propriétés mystiques, et le nombre « 10 était l'emblême de la perfection, parce qu'il est la « somme des quatre premiers nombres, un, deux, trois, « quatre, et que, quand on est arrivé à dix, on recom- « mence une autre dizaine. Ils aimaient mieux donner « cette raison que celle des dix doigts. »

En quoi le nombre 10 serait-il l'emblême de la perfection? il ne provient ni de un, par la duplication, ni de 3 triplé; c'est un nombre ingrat. Si les Pythagoriciens n'ont pas donné la raison des 10 doigts en faveur de la période de dix nombres, c'est parce que les Pythagoriciens ne comptaient pas par 10, mais par 8.

On voit l'emblême de la perfection dans le nombre 10, parce que l'addition des 4 premiers nombres forme 10. Mais on pouvait le voir dans le nombre 6, parce que l'addition des 3 premiers nombres forme 6, ou dans le nombre 15, parce que l'addition des 5 premiers nombres forme 15.

La perfection se trouve dans le nombre 8, parce qu'il est engendré de 1, 2, 4, et qu'il engendre 16, 32, 64, 128, 256, 512, etc., nombres rencontrés par les carrés et les cubes des mêmes nombres, soit 2 fois 2 formant 4, et 2 fois 4 formant 8 (1re série); 4 fois 4 formant 16, et 4 fois 16 formant 64, le cent ancien (2e série); 8 fois 8 formant 64, et 8 fois 64 formant 512 le mille ancien (3e série).

Page 239. « La dyade était infinie *par elle-même*, « parce que, par l'effet de la génération, elle passait « d'une forme à une autre. »

La dyade est infinie par elle-même en se doublant continuellement, elle ne passe pas par le nombre 10.

Page 276. « Les 4 éléments pouvaient se représenter « par un carré où les côtés communs de chaque angle « représentaient les qualités communes des éléments, « et le sommet de chaque angle, l'essence composée de « ces mêmes éléments. Les deux diagonales, plus lon- « gues que les côtés, exprimaient l'opposition plus « grande des éléments placés au bout de ces lignes, « que celle de ceux qui se répondent par les lignes des « côtés ; enfin, les 4 côtés, exprimés par les nombres « 1, 2, 3, 4, dont la somme est 10, représentaient l'u- « nivers, parce que ce nombre contient toute la numé- « ration, dont les éléments ne vont que jusqu'à 10. »

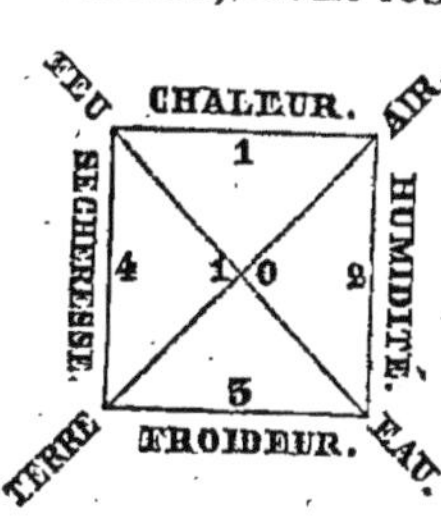

La forme du carré était préconisée par les Pythagoriciens ; elle a de l'analogie avec le nombre 8. Les 8 noms inscrits autour de ce carré viennent aussi à l'appui de la numération par 8. Le nombre 10 mis au milieu, parce qu'il forme l'addition de 1, 2, 3 et 4, ne signifie rien. Il a été mis là par les commentateurs qui, ne sachant pas où découvrir le nombre 10, l'ont trouvé dans une addition.

Page 256. « Ce qui donne l'ordre et l'harmonie « aux autres choses, doit être ordonné et harmoniqué « par lui-même. »

L'ordre et l'harmonie sont dans les nombres 1, 2, 4, 8 ; l'harmonie de Pythagore, ce sont les 8 notes de la musique. Il ne peut donc avoir mis l'harmonie dans le nombre 10.

Page 272. « Les qualités différentielles des corps « sont de deux sortes, les premières sont le chaud, le « froid, le sec et l'humide; les secondes sont le grave, « le léger, le rare et le dense, et les autres qui naissent « des premières toutes ensemble au nombre de 16; le « chaud et le froid, le sec et l'humide, le grave et le « léger, le rare et le dense, le poli et l'âpre, le mou et « le dur, l'aigu et l'obtus, le mince et l'épais. »

Ici on cite le nombre 16, on ne l'a pas traduit par 20, parce que les 16 objets sont nommés, ils sont mentionnés 2 à 2, 4 à 4, tout ceci ne s'harmonise pas avec le nombre 10.

Page 274. « La raison pourquoi il y a eu, non pas « 2, mais 3, mais 4 éléments, c'est parce qu'entre « deux nombres solides, il y a deux moyens proportionnels: 8, cube de 2, est à 12 comme 18 est à 27, « cube de 3. »

Il n'est pas question du nombre 10.

Dans l'article suivant, on verra que le chiffre 5 du nombre 58 a été mis en place d'un 4, c'est donc 48 et non 58.

Plutarque, page 330. « Il semble que les Pythago- « riciens eussent opinion que Typhon était une puis- « sance démoniaque, car ils disent qu'il naquit en un « nombre pair de 58 et, de rechef, que celle du nombre « triangle est la puissance de Pluton, de Bacchus, de « Mars; et que celle du carré est de Rhéa, de Vénus, « de Cérès, de Vesta et de Junon; et celle du dodéca- « gone, c'est-à-dire à douze angles, est celle de Jupiter; « et celle de 58 angles est celle de Typhon, ainsi comme « Eudoxus a laissé par écrit. »

Il est question du nombre triangle, carré, à douze angles, vient ensuite 58, qui n'est le produit d'aucun nombre multiplié par un autre : ce nombre *évidemment* est mis pour 48. Le 4 a été changé en 5, ou plutôt le 5 exprime 5 fois 8 ou 40, ce qui fait 40 plus 8 ou 48. Dans d'autres circonstances, le nombre 48, qui est 6 fois 8 a été changé en 6 fois 10 formant 60; c'est ce qui a eu lieu dans le paragraphe que je vais citer.

Page 339. « Elles pondent 60 œufs et les pondent « en autant de jours, et vivent autant d'années ceux « qui vivent le plus longuement, qui est le premier et « *principal nombre* duquel se servent plus *ceux qui traitent des choses du ciel.* »

60 est mis ici pour 6 fois 8 ou 48, car le nombre du ciel était bien 48.

Page 339, il est mis que 36 est composé des 4 premiers nombres impairs 1, 3, 5, 7, et des 4 premiers nombres pairs 2, 4, 6, 8. Ailleurs il est mis que *la perfection* est dans le nombre 55, composé des 5 premiers nombres impairs et des 5 premiers nombres pairs. La perfection a dû être dite dans les 4 premiers nombres impairs et les 4 premiers nombres pairs qui produisent 36; car le nombre 55 n'a pas de diviseurs, si ce n'est 5 fois 11, et il n'y a assurément aucune perfection dans ce nombre. Cela n'a pas besoin de démonstration. On aura changé les 4 premiers nombres par les 5 premiers, ce qui a amené le nombre 55.

On peut avoir été conduit à ce nombre 55 d'une autre manière. Le nombre de la perfection 36, c'est 4 fois 8 plus 4; et sous la numération par huit, il faut poser 44. Mais comme les 4 ont été pris ensuite pour des 5, on a pu traduire par 55.

Constitution physique de l'Egypte, par M. De Rozières:

Page 417, note. « Censorin voulant donner, d'après « Pythagore, le rapport de deux stades, dit que le stade « olympique est de 600 pieds, et le stade pythique de « 1000 pieds. »

Ces deux stades sont sans doute exprimés au calcul par 8. Le stade olympique, 600 pieds, c'est 384; et le stade pythique, 1000 pieds, c'est 8 cents de 64, soit 512. Tous deux sont composés de 6 plèthres: l'un de 64 coudées de 6 palmes, l'autre de 64 coudées de 8 palmes.

Page 462. « Le degré était également partagé *en 12* « *parties*. Ptolémée et d'autres auteurs en renferment « des preuves. »

Il est plus naturel de partager le degré de 48 en 12 parties, qui en sont le quart, que de partager le degré de 60 en 12 parties, qui en sont le cinquième.

Encyclopédie. Nombres.

« Le nombre 8 était en vénération *chez les Pythagoriciens*, parce qu'il désignait, selon eux, la loi naturelle, cette loi primitive et sacrée qui suppose tous « les hommes égaux. »

Ce nombre devait être en vénération, parce qu'il désigne la progression et la division naturelles. Le calcul par 8 est le plus aisé, le plus simple, le plus beau, il faut *plaindre l'espèce humaine* de ne pas s'en servir.

Newton.

Le calcul par 8, qui réduit le cent à 64 et les petites années que je réduis à 192 jours, sont deux causes pour abréger la chronologie. Il y a désaccord sur la chronologie parmi presque tous les auteurs qui ont traité cette matière. Il est remarquable que Newton ait présenté un nouveau système de chronologie abrégée, et que le calcul par huit, appliqué à cette chronologie, la rend plus probable. Je vais rapporter quelques fragments de la chronologie de Fréret.

Histoire, tome 2.

Page 1. « Le système chronologique de M. Newton « est connu en France par la traduction de son ouvrage « sur les anciennes monarchies. On sait que ce géo- « mètre célèbre, ayant entrepris de diminuer la durée « des temps qui ont précédé l'époque de Cyrus, il a été « obligé, pour rapprocher de cette époque celle du dé- « luge d'Ogygès, celle de la prise de Troie et même « plusieurs autres époques postérieures des temps his- « toriques, de supposer que les Grecs s'étaient trompés « de 641 *ans* sur la durée de 1020, qu'ils assignaient à « l'intervalle depuis Ogygès jusqu'à l'olympiade de « Corabus, de 128 ans sur la durée de 408 qu'ils « comptaient après Eratosthène, entre la prise de « Troie et la première olympiade. »

La différence de 641 ans sur 1020 est à peu près celle qui se trouve suivant le calcul par 8, cette différence étant de 490. La différence de 128 fait précisément 200 au calcul par 8, 2 fois 64.

Fréret, *Observations sur la chronologie de Newton*, 2e volume, page 107.

« Dans le système de Newton, le temps de Cadmus « ne précède l'expédition de Xerxès que de 560 ans. « Selon Hérodote, il est antérieur de 1060 ans à cet « événement. »

Certainement Newton n'a point pensé au calcul par 8; il l'aurait dit. Ces deux nombres sont cependant le même, exprimé selon les deux numérations par 10 et par 8.

1000 ans au calcul par 8,	c'est 8 fois 64 ou	512
60 ans — —	c'est 6 fois 8 ou	48
1060 ans égalent		560 ans

Ceci est une concordance fortuite, à moins que Newton n'ait vu dans un livre ce nombre 560, qui aurait été un nombre conclu de 1060 au calcul par huit.

Il est mis ensuite : « La chronique de Paros compte « 273 ans, depuis l'établissement des archontes décen« naux, jusqu'à la bataille de Salamine. Newton ne donne « que 170 ans à cet intervalle. »

273 ans au système par 8 égalent 187.

Puis on cite les nombres 230 ans suivant Hérodote, et 137 ans suivant Newton. Le nombre 230 correspond à 152; j'ai dit que les nombres d'Hérodote étaient au calcul par 8, ces citations viennent à l'appui.

Page 135. « Thucydide et le plus grand nombre des « anciens écrivains mettaient le retour des Héraclides « 80 ans après la prise de Troie. Clément d'Alexandrie « nous apprend qu'il y en avait qui mettaient un plus « long intervalle entre la prise de Troie et cet événe« ment. Les uns comptaient 120 ans, et les autres 180. »

Le nombre 120, c'est un cent de 64 plus 16, soit 80 ans. Le dernier nombre indiqué 180 a sans doute été mis en place de 80.

Astronomie ancienne de Bailly, 1er volume, page 509.

« L'idée de régler la chronologie par la détermina« tion ancienne des points équinoxiaux et solsticiaux « était belle, grande et digne d'un homme de génie, « mais *Newton* s'est trompé dans l'application qu'il en « a faite, et le système qui en résulte est tombé, parce « qu'il est contraire aux faits.

« Newton (*Chronol. réf.* page 91) veut que cette « sphère ait été réglée lorsque les colures coupaient l'é« cliptique au 6° 20' du taureau, du lion, du scorpion et « du verseau, à 36° 29' du lieu que ces colures occu« paient en 1689. Cette différence 36° 29' répond à un « intervalle de 2625 ans et par conséquent fixerait l'é« poque de Chiron à l'an 936 avant Jésus-Christ. Il « veut (*Chronol. réf.* page 85 et suiv.) que toutes les

« déterminations des points équinoxiaux, au 15e, aux
« 12e, 10e, 8e, 1er degré des signes, rentrent les uns
« dans les autres et *ne diffèrent que par une différente*
« *manière de compter*. Ainsi le 8e et le 15e sont *les*
« *mêmes*, parce que le 15e degré du signe était alors,
« selon lui, le même que le 8e degré de la constellation,
« puisque la constellation commençait au 7e degré du
« signe.

« Voilà la différence du système de Newton aux
« autres interprétations des positions désignées par les
« anciens astronomes. Newton entend par les degrés
« ceux des constellations. Quand Eudoxe dit formelle-
« ment que les colures passaient par le milieu du bélier,
« de l'écrevisse, de la balance et du capricorne, Newton
« entend le milieu des constellations, et non le milieu
« des signes. »

Quoique l'on donne la raison pourquoi le 15e et le 8e degré auraient été le même, je ferai remarquer que j'ai dit que la circonférence anciennement était divisée en 192 degrés, 3 fois 64 ou 300, système par 8. Eh bien, 15 degrés d'une circonférence divisée en 360 parties égalaient précisément 8 degrés d'une circonférence divisée en 192 parties. 15 degrés sont *la 24e partie* d'une circonférence divisée en 360 degrés, et 8 degrés sont également *la 24e partie* d'une circonférence divisée en 192 parties.

Page 73. « Eudoxe, astronome grec, rapporte que
« les solstices et les équinoxes étaient fixés au 15e de-
« gré, *c'est-à-dire* au milieu du bélier, de l'écrevisse, de
« la balance et du capricorne. On verra que cette déter-
« mination, rapportée par Eudoxe, est antérieure à son
« temps et qu'elle remonte au siècle de Chiron, vers
« 1353 ans avant Jésus-Christ. Mais *il n'est nullement*
« *vraisemblable* que ceux qui ont établi cette division
« ne l'aient pas fait commencer aux points des équi-
« noxes et des solstices qui en sont l'origine naturelle.
« Ces quatre points ont fait certainement la première
« division du zodiaque à l'égard du soleil. »

Le 15e degré peut être mis pour le 12e, 8 plus 4 et non 10 plus 5. Dans ce cas le 12 degré d'une circonférence de 12 signes de 24 degrés deviendrait le milieu du signe.

Page 345. « L'empereur Chueni (en Chine) régna « l'an 2513 (avant Jésus-Christ). Ce fût lui qui aperçut « les *cinq* planètes en conjonction, le même jour qu'on « remarqua celle de la lune et du soleil. Il voulut que « l'année commençât par ce même jour, ainsi que l'é-« crit un astronome Chinois, dans ses remarques sur « *la constellation Xc*, qui s'étend aujourd'hui depuis « *le 18° des poissons jusqu'au 4° du bélier*. M. Des-« vignoles et M. Hirch ont fait tous deux le calcul de « cette conjonction : ils ont trouvé que le 28 février de « l'an 2446, Mars, Jupiter, Saturne et Mercure se sont « trouvés réunis entre le onzième et le dix-huitième « degré des poissons, c'est-à-dire dans une très-petite « partie du zodiaque. Les *quatre* planètes étaient visibles « le soir ; la conjonction du soleil et de la lune arriva « le même jour, à 9 heures du matin. Voilà bien tous « les caractères du phénomène, on ne peut faire l'ob-« jection que c'est 4 *planètes au lieu de* 5. Mais dès que « la conjection des 4 planètes est arrivée réellement « *au temps* où l'histoire en indique une de ces 5 planè-« tes, il est visible que l'erreur ne tombe que sur le « nombre, et que *la cinquième* est une *faute du copiste.* »

Ce n'est pas une faute du copiste, mais cela provient de ce que le nombre 4 ancien a été changé en celui 5 nouveau.

Fréret, *Chronologie de Newton*, tome 4, page 7.

Discussion si Osimandyas était plus ancien que Sésostris.

Fréret conclut que Osimandyas était plus ancien que Sésostris, parce que, sous Sésostris, l'Égypte était divisée en 36 nomes, et que si Osimandyas était postérieur à Sésostris, comme le suppose Newton, on l'aurait *représenté* accompagné de 36 nomarques, et non de 30 nomarques. Mais le nombre 36 pour Sésostris est au système par 8, c'est le même nombre que 30 système par 10, et Osimandyas devait être entouré de 30 nomarques en venant après Sésostris, comme le suppose Newton. Fréret dit que Sésostris ajouta 6 nouvelles nomes aux anciennes, ce serait qu'antérieurement il n'y en aurait eu que 24; d'ailleurs on devait alors appeler 36, le nombre 30, qui est 3 fois 8 plus 6.

Observation sur la chronologie de Newton, par Fréret, tome 2, page 261.

« Médon, fils de Codrus fut *le premier* des archontes « perpétuels. Il eût *douze* successeurs, dont *les* 4 pre« miers étaient ses descendants de père en fils, *les* 6 « derniers se sont succédés de même de père en fils, en « sorte que *ces* 13 règnes font au moins douze géné« rations. »

Le nombre 12 est au calcul par 8, c'est 8 plus 2 ou 10, car les 4 premiers et les 6 derniers font 10; le nombre 13 est mis pour 8 plus 3, soit 11. Il est mis *ces* 13 règnes, le mot *ces* indique tous les règnes dont on vient de parler, 4 et 6, plus le 1er, soit 11.

Newton (page 250) réduit ces 13 archontes à 12.

Les nombres de Newton sont curieux en ce qu'ils approchent bien près d'un changement du calcul par 8 au calcul par 10, et cependant Newton n'a pas pensé au calcul par 8. Quoique Fréret cherche à les contredire, ils paraissent tous approcher bien près de l'exactitude, c'est-à-dire des nombres correspondants au calcul par 8.

Hésiode.

On pourrait espérer découvrir dans le poëme d'Hésiode, des *travaux et des jours*, des renseignements sur le nombre des jours du mois. Quoique les divers traducteurs de ce poëme aient dû chercher à donner un sens aux articles, suivant les usages connus de leur temps, et les mois étant de 30 jours, ils ont dû supposer que les mois alors étaient aussi de 30 jours. Cependant, maintenant que j'ai prévenu que les mois pouvaient être de 24 jours, on trouvera sans doute dans le texte, des locutions qui viendront à l'appui que du temps d'Hésiode, le mois était de 24 jours. Je vais commencer par citer le texte qui concerne particulièrement ce point.

Petits poëmes grecs, publiés par Ernest Falconnet.

Page 150. « Le 4e et *le* 24e *jour* du mois qui com-

« mence *et qui finit*, songe à fuir les chagrins dévo-
« rants, ce sont des jours sacrés. »

Je suis porté à croire qu'Hésiode a dit le 24e jour qui finit le mois. Quant au 4e, on ne peut pas dire que le 4e jour commence le mois, mais on pourrait le faire commencer par le 24e jour, en comptant comme les calendes chez les Romains, et, alors, le 4e jour a de l'analogie avec le 24e; il est remarquable que l'article d'Hésiode commence ainsi : « Observe les jours *d'après l'ordre* « établi par Jupiter, pour les apprendre à tes esclaves; « *le trentième* du mois est le plus convenable pour « l'inspection de leurs travaux. »

Ainsi l'article dit de suivre *l'ordre des jours* établi par Jupiter, et Hésiode commence au 30e, et le 30e est mis ici, selon moi, pour le 24e, 3 fois 8. Il est vrai qu'en continuant, Hésiode revient au 1er jour, mais cela prouve qu'on a relié ensemble toutes phrases détachées. Il ne se trouve que 19 jours nommés, mais le 4e est nommé cinq fois; le 8e, le 9e, le 12e et le 20e sont nommés deux fois, de sorte qu'au total cela fait 27 citations de jours. Il est mis dans la dernière citation du 4e jour, que ce jour est sacré par dessus tous les autres. Ce n'est pas le 4e jour qui doit être sacré par dessus tous les autres, mais le 3e; et je ferai remarquer que le 3e jour ne se trouve pas nommé. On aura appliqué au nombre 4 ce qui était mentionné pour le nombre 3. Dans l'origine, le 3 devait être représenté par un triangle Δ dont on a fait ensuite un D qu'on a fait signifier 4. Je ferai observer qu'après 24, il n'y a que deux nombres cités, 29 et 30, que le 30 étant mis pour le 24, le nombre 29 serait mis pour le 23, et que précisément le nombre 23 n'est pas cité.

12e volume des *Mémoires de l'Académie des Inscriptions :*

Voyage des Argonautes.

Page 101. « Le pilote dit que la tempête devait durer « *un mois*, parce qu'elle avait commencé *le 4e jour de* « *la lune.* »

Au temps des Argonautes, le mois devait être de 24 jours; je comprends donc que la tempête devait durer jusqu'à la fin de la lunaison, 4 et 24 forment 28 jours. Le pilote devait dire que la tempête devait durer un mois (de 24 jours), pour exprimer que, commençant le 4e jour de la lune, elle durerait jusqu'à la fin de la lunaison.

Les mois de 24 jours ont dû continuer dans le langage vulgaire, même après que les savants comptaient par lunaison ou par année solaire.

Cet article seul suffit pour établir les mois de 24 jours.

Hymne d'Homère 1re, à Apollon :

Page 77. « Les jours et les mois étant écoulés, et les « heures dans leur cours ayant amené *le terme de l'an-* « *née,* cette divinité (Junon) enfanta un fils, l'horrible « et funeste Typhon, la terreur des mortels. »

Hymne 2e, à Mercure :

Page 80. « Lorsque la pensée du grand Jupiter fut « accomplie et que brilla dans les cieux le dixième « mois, la nymphe enfanta un fils éloquent. »

Dans le premier article, il est mis *le terme d'une année,* dans le second *le* 10e *mois.* C'est parce que le commentateur aura trouvé le terme de 12 mois trop long, qu'il aura mis le 10e mois, mais le texte, dans l'origine, devait marquer le douzième mois, ce qui ne veut pas dire 12 mois accomplis. C'est 12 mois de 24 jours formant une année de 288 jours. J'établirai à l'article Bible que l'année, chez les Hébreux, chez les Egyptiens, etc., était de 12 mois de 24 jours, 36 périodes de 8 jours formant 288 jours. Homère et tout le monde ont toujours su le nombre de jours nécessaires à la gestation. Il ne peut donc y avoir de doute sur la longueur de l'année, désignée par Homère, ce ne peut être que 12 mois de 24 jours ou 288 jours.

Ce qui est rapporté sur la naissance de Fou-hi et la naissance d'Yao, en Chine, vient aussi corroborer ce point.

13e volume des *Mémoires sur les Chinois,* page 215 :

« La mère de Fou-hi, voyant les vestiges d'un pied « d'homme d'une grandeur plus qu'ordinaire, imprimés « sur la surface de la terre, désira d'avoir un fils sem- « blable à l'homme dont elle voyait les traces. Ses

« vœux furent exaucés, elle conçut et mit au monde « Fou-hi, après l'avoir porté 14 *mois* dans son sein. »

Page 260, il est mis que la mère d'Yao le conçut sous l'heureux présage d'un dragon rouge et que, lorsqu'elle fut au 14e *mois* de sa grossesse, elle le mit au monde.

14 mois est exprimé au calcul par 8; il a été mis pour 8 plus 4, soit 12 mois, et 12 mois de 24 jours forment une année de 288 jours. Je ferai observer de nouveau que le 12e mois commence à la fin du 11e, ce qui met le temps de la gestation entre 11 et 12 mois de 24 jours.

5e volume de la *Traduction de Strabon*, page 468.

Productions et villes du pays des Massœsyliens.

« Ce pays nourrit, dit-on, une multitude de scorpions « ailés et non-ailés d'une grandeur énorme, et dont la « queue a jusqu'à *sept* articles. »

En note : « L'ancien interprète et Xilandès tradui« sent *magnitudine (ut fertur) septênûm vertebrarum.* « M. de Bréguigny : Ils ont jusqu'à *sept* vertèbres ; ces « vertèbres ne peuvent être que les articles de la queue « du scorpion, terminée par un crochet aigu et mobile; « le nombre de ces articles est *ordinairement* de *six*, « mais les anciens parlent de scorpions qui en avaient « jusqu'à sept. »

J'ai dit que de 4 on avait formé le 5, donc de 4 plus 2 on a dû former 5 plus 2, ou 7 au lieu de 6.

Il est mis *jusqu'à* 7 vertèbres, le mot jusqu'à n'est sans doute pas dans le texte, ce mot doit avoir été ajouté par le commentateur.

Strabon, 5e volume, page 71.

« Il (Mégasthène) dit qu'il y a des hommes dans « l'Inde de 5 et de 3 spitames. »

On ne dit pas de 5 et 3, c'est mis pour 4 et 3 spitames.

En note il est mis :

« Ctésias dit que la taille ordinaire des pygmées était « d'une coudée et demie, ce qui fait 3 spitames, et que « *les plus grands* avaient jusqu'à 2 coudées, c'est-à-dire « 4 spitames.

La note vient donc à l'appui que c'est 4 et 3 spitames.

Page 135. « Les enfants ne sont pas présentés à leur « père avant l'âge de 4 ans. »

Note. Hérodote dit : « avant l'âge de 5 ans. »

Hérodote dit sans doute : avant l'âge de 4 ans. Mais on a fait dire à Hérodote, avant l'âge de 5 ans.

Les nombres d'Hérodote sont exprimés au calcul par 8. Voici, à l'appui, quelques passages de sa traduction par Du-ryer.

Page 149. « Le roi, nommé Arganthonius avait déjà « régné *quatre-vingts* ans et en vécut *six vingts*. »

Ce doit être 4 seize et 6 seize, soit 64 et 96 ans.

« Les murs de Babylone ont d'épaisseur 50 coudées « de roi et 200 de hauteur ; et, au reste, il est à remar- « quer que la coudée de roi est 3 pouces *plus grande* « que celle dont on se sert ordinairement pour me- « surer. »

Le nombre 50 est mis pour 5 fois 8, 40, ou pour un demi-cent, 32. Celui 200 est mis pour 2 cents de 64, soit 128 coudées. Cette hauteur est déjà assez considérable, surtout en coudées de 9 palmes.

Il est mis que la coudée de roi est *de 3 pouces plus grande* que celle dont on se sert ordinairement ; 3 pouces sont égaux environ à un palme ; cet article confirme donc que la coudée royale de Babylone est de 9 palmes, 8 palmes plus un, comme la coudée sacrée du Temple de Jérusalem.

Page 177. « Cette contrée (la Babylonie) rend ordi- « nairement 200 fois plus qu'on ne lui donne, et, quand « les années sont ordinairement bonnes, 300 fois davan- « tage plus qu'elle n'a reçu. »

Ce serait déjà beaucoup 2 cents et 3 cents au calcul par 8, soit 128 et 192 fois plus qu'elle n'a reçu.

On fait, dans Hérodote, la parasange de 30 stades ; 30 est mis pour 3 fois 8. La parasange est égale à 3 milles, le mille à 8 stades, soit la parasange égale à 24 stades. Quoique beaucoup d'auteurs fassent la parasange de 30 stades, c'est une erreur, ce n'est que 24 stades. Polype (page 519 de Strabon, 5e volume), en décrivant la route suivie par Annibal, depuis la nouvelle Carthage jusqu'au Rhône, observe que cette route est bordée de pierres *milliaires* placées de 8 stades en 8 stades.

Le nom de pierres milliaires, donné à des pierres

posées de 8 en 8 stades, indique que le mille était de 8 cents.

3e volume, page 88.

« Artachée était plus grand de corps que pas un des « Perses, et il ne s'en fallait que de quatre doigts qu'il « n'eût 5 coudées *de roi.* »

On a traduit 4 coudées par 5 coudées. J'ai fait la coudée de roi de 9 palmes, soit de 70 centimètres, ce qui porte la grandeur d'Artachée à 2 mètres 70 centimètres environ, ce qui est encore une belle grandeur, quoique réduite à 4 coudées.

Romains.

Dictionnaire de l'Encyclopédie.

« *Agriculture.* Sous Romulus, l'État avait de grands « domaines, appelés saltes et de l'étendue de 8 *cents* « *jugères,* qu'il affermait à des publicains, lesquels les « sous-affermaient à d'autres particuliers, pour les faire « valoir au profit de la république. »

C'est 8 cents de 64. C'est la même chose qu'en Chine, les figures Ho-tou et Lo-chou.

« La centurie fut ainsi appelée, *non* de ce qu'elle fut « d'abord composée de cent jugères, comme l'enseigne « Varron, mais de ce qu'elle contenait cent hérédies, et « elle était le partage de *cent* citoyens. »

Il doit toujours être question du cent de 64, c'est 64 citoyens.

« *Amphore.* Mesure de capacité pour les liquides des « *anciens* Romains; elle valait 2 urnes, ou 8 congés, ou « 48 *sextarius,* 96 héminés, 192 quartarius, 384 acétabules, 576 cyathes, 2304 légules. »

Ce nombre 2304, c'est 48 fois 48, égal à 36 cents de 64, nombre dont j'ai parlé, base de la division du jour en 48 heures, 48 minutes; base des poids et mesures, etc. Ce nombre 2304 c'est *l'aroure,* dont le quart 576 est la figure chinoise Ho-tou divisée en 9 compartiments de 64. 384 c'est 600, système par 8. 192 c'est 300; 96 c'est 150; 48 c'est 6 fois 8 ou 60. Ainsi l'amphore vaut 48 setiers, le setier 48 légules: voilà ce qui confirme ma division indéfinie par 48. Ici ce n'est plus moi qui forme ces nombres, je les trouve tout formés.

« *Alliage.* Chez les Romains, Livius Drusus, tribun du « peuple, méla, au rapport de Pline, *une* 8me *partie* de « cuivre avec *sept huitièmes* d'argent pour la fabrication « de la monnaie. »

Année romaine de Romulus.

« Le fondateur de Rome composa d'abord l'année qui « était lunaire, de 10 mois seulement. Ovide nous l'ap- « prend dans ses Fastes. »

Je pense que 10 veut dire 8 mois, et sans doute de 24 jours.

« Numa corrigea la forme *irrégulière* de l'année de « Romulus. »

Bailly, *Astronomie moderne*, page 501.

« L'ignorance de l'astronomie à Rome était telle « que Vitruve, quelque éclairé qu'il fut d'ailleurs, écrit « que la révolution de la lune autour du soleil est de 28 « jours et un peu plus d'une heure, parce qu'on était « *encore* alors *dans le préjugé* qu'elle faisait 13 révolu- « tions *dans une année.* »

Je cite ceci à l'appui de ma grande année de 384 jours, 48 semaines de 8 jours. Puisque 13 lunaisons égalent fortuitement 384 jours, c'est comme si l'on disait qu'on était encore dans le préjugé que l'année avait été de 384 jours. On sait que les années dans l'antiquité étaient divisées en deux parties ou petites années. La demie de 384 fait 192 jours, 24 semaines de 8 jours, et ce nombre n'est plus concordant avec les lunaisons. Donc la base, l'origine du nombre 384, est 48 fois 8 et non pas 13 lunaisons.

Arithmétique des Romains.

TABLEAU DU NUMÉRAIRE ÉRARIAIRE, SUIVANT LA MÉTROLOGIE DE M. PAUCTON.

Scripule.							ə
4	Sextule.						U
6	1 1/2	Sicilique.					Ↄ
8	2	1 1/3	Duelle.				UU
12	3	2	1 1/2	Sémi-once.			S̲
24	6	4	3	2	Once.		—
36	9	6	4 1/2	3	1 1/2	Sescônce.	— S̲
48	12	8	6	4	2	Sextans.	=
72	18	12	9	6	3	Quadrans.	≡
96	24	16	12	8	4	Triens.	= =
120	30	20	15	10	5	Quincunx.	≡ =
144	36	24	18	12	6	Sémis.	S
168	42	28	21	14	7	Septunx.	S—
192	48	32	24	16	8	Bès.	S=
216	54	36	27	18	9	Dodrans.	S≡
240	60	40	30	20	10	Dextanx.	S= =
264	66	44	33	22	11	Deunx.	S≡ =
288	72	48	36	24	12	As.	æ

æ VI S= S̲ Ↄə Total des notes.

On voit dans ce tableau que 4 scripules sont marqués par un U, 8 scripules par deux U, donc U ou V voulait dire 4. On en a fait le 5, moitié de 10, au lieu de 4, moitié de 8; deux U ou deux V voulaient dire 8, on les a mis en croix et on a traduit par 10.

24 scripules ou 3 fois 8 font *une once* désignée par la

marque — que j'appellerai primitive, parce qu'elle ne dérive pas d'une autre marque. Puis 8 fois 24 font 192, et je vois que 192 ou 8 onces font un *bes* (j'ai déjà dit plusieurs fois que 192, c'est 3 fois 64 ou 300, système par 8).

« *Bes, bessis, des.* »

On voit que ces différents mots signifient 8 pour la monnaie et les mesures de capacité et de longueur des *anciens* Romains. Il est remarquable que ce mot *bes* est aussi désigné par le mot *des*; et que ce mot des a de l'analogie avec le mot dix; ainsi le mot dîme peut avoir été *le huitième.* On a continué d'appeler dîme ce qui antérieurement était le huitième.

« *Bessalis.* Nom qui désignait à Rome des briques de « 8 pouces romains dans toutes les dimensions. »

Numéraire sestertiaire.

Je vais transcrire un fragment de ce que dit Volutius Mœcianus sur ce numéraire, parce qu'il réduit des énonciations de plusieurs fractions en 1, 2, 3, 4, 5, 6 et 7 *huitièmes;* il me paraît que c'était par suite d'une ancienne numération par 8.

« Volutius Mœcianus démontre de la manière suivante la théorie et le mécanisme du numéraire sestertiaire.

« Le semis-œris ou le demi-as de cuivre s'écrit avec « cette note H-S-T, et s'énonce *libella teruncius*; car le « sesterce vaut à présent, c'est-à-dire dans ce numéraire, « 4 as ou 8 demi-as; or la libelle du sesterce en est la « dixième partie, le téronce la quarantième, et ces deux « parties réunies en font *le huitième*; par conséquent, « une libelle et un téronce font la valeur du demi-as. « Ce numéraire n'a point de termes au-dessous du demi- « as de cuivre, mais il pourrait en avoir; car le qua- « drans de l'as, qui est *la seizième* partie du sesterce, « pourrait s'énoncer *sembella dimidius terumcius*, puis- « que ces deux parties réunies, savoir le vingtième et le « quatre-vingtième, font le *seizième* du sesterce. L'as « de cuivre se marquera ainsi, H-S = 2, et s'énoncera « *duœ libellœ sembella* qui font deux dixièmes et un « vingtième (soit 2 *huitièmes*), ou en somme, un quart

« de sesterce, et par conséquent la valeur de l'as. L'as « et demi de cuivre doit être marqué comme il suit, « H-S =-S T, et s'appeler *tres libellæ sembella teruncius* « qui font trois dixièmes, un vingtième et un quaran- « tième, ou en somme *trois huitièmes* de sesterce, et par « conséquent la valeur de trois demi-as de cuivre. Les « deux as de cuivre seront marqués de ce caractère « H-SS, et s'appelleront *quinque libellæ* qui font cinq « dixièmes ou un demi-sesterce, et par conséquent la « valeur de deux as (*soit quatre huitièmes de sesterce*). « Les deux as et demi seront ainsi notés HSS - T, et « s'exprimeront *sex libellæ teruncius*; car six dixièmes « et un quarantième font *cinq huitièmes* de sesterce, et « la valeur de 5 demi-as. Les trois as recevront ce ca- « ractère, HSS=2, et s'appelleront *septem libellæ sem-* « *bella*; ce qui fait sept dixièmes et un vingtième, ou « en somme trois quart (*six huitièmes*) de sesterce : c'est « la valeur de trois as. Les trois as et demi se marque- « ront de ce signe H-SS=ST, et s'appelleront *octo li-* « *bellæ sembella teruncius*, qui font huit dixièmes, « un vingtième et un quarantième, ou en somme, sept « huitièmes de sesterce et ainsi la valeur de sept « demi-as. »

Pourquoi ces réductions en huitièmes, si ce n'est qu'il existait auparavant une manière de compter par 8.

« *Deniers des Romains*. Les Romains se servirent pen- « dant longtemps de monnaie d'airain qu'ils appelaient « as au lieu d'œs ou libra, ou pondo, parce que cette « monnaie pesait une livre, et des monnaies grecques « d'or et d'argent. Ce fut l'an de Rome 485 que l'on « commença à battre de la monnaie d'argent. La pre- « mière qui parut fut le denier denarius, qui était mar- « qué de la lettre *X*, parce qu'il valait 10 *as*. Il était « divisé en deux quinaires marqués d'un *V*, et ces deux « quinaires se divisaient en deux sesterces marqués de « ces trois lettres *LLS* (deux libra et demi) que les co- « pistes *ont changées* en celles *HS*. »

Il me paraît que X signifiait 8 et V signifiait 4. Puisque l'on met que ces deux quinaires se divisaient en deux sesterces, la division doit être 8, 4, 2. Il est mis que les copistes ont changé les trois lettres LLS en HS. Ce sont, au contraire, les nouveaux copistes qui ont changé HS en LLS, parce que voyant qu'on exprimait par 2 ce qui pour eux était la moitié de 5, ils ont préféré changer les lettres pour qu'elles signifiassent 2 1/2 plutôt que de comprendre qu'il fallait changer 5 en 4, et 10 en 8. L'as valait donc 8, le signe *X* signifiait 8, et le signe *V* signifiait 4.

A l'appui de cette division du *denier* en 2, 4, 8, je citerai ce qui est mis au mot revers de médaille.

« Les premiers revers furent tantôt Castor et Pollux « à cheval, tantôt *une victoire* conduisant un char à 2 « ou à 4 chevaux, ce qui fit appeler *les deniers Romains* « victoriati, *bigati, quadrigati,* selon leurs différents « revers. »

« *Dolium.* Au lieu de nos tonneaux, les anciens se « servaient de vases de terre cuite, appelés dolia, ayant « à peu près la forme d'une citrouille ; et ces dolia con- « tenaient ordinairement 18 *amphores*; cette mesure est « écrite sur un vaisseau de cette espèce, conservé dans « la villa Albani. »

« *Dolium, culeus, culleus.* Mesure de capacité des « anciens Romains : elle valait 20 amphores, 40 ur- « nes, etc. »

Au premier article on met 18 amphores, au second 20 amphores; ce doit-être 18, le 32me du nombre 576, correspondant aux 18 scripules chaldaïques.

« *Onces, sacros,* ancien poids de l'Asie et de l'Egypte.
« Il valait en poids du même pays :
« 2 tétradrachmes ou 8 drachmes. »

« *Once.* Ancien poids des Romains, il valait :
« 4 siciliques, 8 deniers de Néron. »

« *Once de compte.* Monnaie de compte des Romains.
« Elle valait : 2 semi-onces, 4 siciliques, 8 semi-sici- « liques de compte.
« Elle était représentée par ce signe X̶ — »

Voilà un X barré qui signifiait 8 et qui ensuite a été compté par 10.

« *Octus,* semis. Monnaie de compte des Romains.
« Elle était représentée par ce signe X̶S.

« Elle valait 8 as effectifs. »

Encore un X barré pour signifier 8.

« *Once pesant d'argent*. Monnaie des Romains.

« Elle valait depuis le règne de Glaude et de Néron « jusqu'à celui de Constantin :

« 8 deniers, 16 quinaires, 32 sesterces, 128 as, 1536 « onces de l'as. »

128 as c'est 2 fois 64 ou 200, système par 8. 1536 c'est 3 fois 512. 512 c'est 8 fois 64 ou 1,000 ; donc 1,536 est égal à 3,000, système par 8.

« *Sembella*. Monnaie de compte des Romains, moitié « de la libella, elle était représentée par ce signe H—S S, « elle valait deux téronces. »

Comme, pour moi, cette lettre H signifie 8, j'ai cherché le mot téronce.

« *Téruncius*. Le teruncius se prenait aussi pour le « quart du denarius, denier ; ainsi quand le denier va- « lait 10 as, le teruncius en valait 2 1/2, et quand le « denier en valait 16, le teruncius en valait 4. »

Le téronce vaut 4 as, la sembella vaut 2 téronces, donc la sembella vaut 8 as. Le signe H voulait donc dire 8.

« *Médailles*. Alexandre Sévère (225 à 235 après J.-C.) « décria et fit fondre les formes binaires, ternaires. « quaternaires, *dénaires*, et, au-dessus, les formes du « poids de deux livres et même centenaires inventées « par Eliogabale, de sorte que ces formes ne furent plus « appelées que matière. Cet empereur disait qu'elles « forçaient un souverain à être plus libéral qu'il ne « voulait l'être, car en se servant des formes, dont une « seule valait 10 pièces d'or ou plus, il ne pouvait don- « ner moins de 3, 5, 10 formes, c'est-à-dire 30, 50 ou « 100 aureus d'or ; tandis qu'il aurait paru aussi géné- « reux en ne donnant que 10 pièces d'or, quoiqu'elles « ne valussent qu'un aureus chacune. »

Il me paraît que le mot dénaire est mis pour 8, et centenaire pour un cent de 64. Il pourrait se faire que ce fut 96, parce que ce serait 12 fois 8, de même que la livre romaine était de 96 drachmes ou deniers; mais il fallait 8 deniers pour une once. Ainsi il peut exister des pièces d'un huitième d'once qui seraient la 96me partie d'une livre. Le type des mesures, poids, monnaies, etc., est 24, 48, 96, divisés en 1/2, 1/4, 1/8. Ainsi 8 deniers multipliés par 6 ont donné 48, le double 96. C'est pourquoi on trouve chez tous les peuples la progression pour les mesures, poids, etc., 3, 6, 12, 24, 48, 96; et 2, 4, 8, 16, 32, 64.

A l'appui que les pièces étaient dans le rapport de 1, 2, 4, 8, et non 1, 2, 4, 10, je donnerai la citation suivante.

« Nous appelons médaillons, toutes pièces plus fortes « que des médailles; tel est ce beau médaillon d'or de « l'empereur Auguste, trouvé dans Herculanum : il pèse « selon les rédacteurs des monuments d'Hercolano, 8 « gros 2/3 un peu plus de France, les aureus d'Auguste « pèsent ordinairement 2 gros à peu près; ainsi le mé« daillon d'Herculanum est *quadruple* de l'aureus : tels « sont les médaillons d'or de Domitien, de Commode, « du cabinet du roi, pesés par M. l'abbé Barthélémy. »

Ainsi la progression est bien de 2, 4, 8.

La lettre D veut dire 500 en chiffres romains. Cependant c'est la 4me lettre de leur alphabet, et elle vaut 4 en nombre grec. Il paraît donc probable que la lettre D valait 400 dans l'origine, soit moitié de 800, et que c'est par suite du changement de numération de 8 en 10 qu'on l'aura fait valoir 500.

« La livre romaine, plus faible de 4 drachmes pon« dérales que la petite mine attique, était composée de « 96 drachmes ou deniers. »

La livre romaine était donc dans le même rapport avec la petite mine attique que la mesure du pied romain avec le pied grec, 96 à 100.

Des Calendes, des Nones et des Ides.

Il m'est venu dans l'idée que ces trois périodes pouvaient tirer leur origine des 3 périodes de 8 jours formant un mois, dont 8 mois pour un an, soit 192 jours (300, système par 8). Cet usage de compter les semaines par 8 jours a dû servir aux divisions du mois et de l'année; il me paraît que cette division par 8 jours a été peut-être générale chez les anciens peuples.

Voici quelques citations tirées du *Dictionnaire de l'Encyclopédie.*

« Ces trois noms (calendes, nones et ides) sont ceux « dont se servaient nos anciens, à l'imitation des Ro- « mains, pour marquer *tous les jours du mois.* Ils appe- « laient calendes, comme tout le monde sait, le 1er « de chaque mois, en ajoutant le nom du mois ; dans « les quatre mois de mars, mai, juillet et octobre, les « nones marquaient le septième jour, et *dans les autres* « 8 *mois*, les nones étaient le cinquième jour. On sait « que le mot nones vient de ce qu'il marque le neuvième « jour avant les ides de chaque mois. »

Quoiqu'il soit mis que le mot nones vient de ce qu'il marque le neuvième jour avant les ides de chaque mois, c'est une manière impropre de s'exprimer, car il n'y a que 8 jours des nones aux ides, soit un jour de plus que notre semaine de sept jours. Il est mis au mot ides qu'elles commençaient le lendemain des nones et duraient 8 jours ; ce qui indique encore une période de 8 jours.

Pourquoi les nones, et par conséquent les ides, venaient-elles le même jour du mois seulement pendant 8 mois ? Ce doit être parce que, dans le principe, l'année n'était que de 8 mois, et alors l'époque était invariable. Il pouvait y avoir une période de 8 jours et une période de 2 fois 8 jours et de 16 jours, ensemble un mois de 24 jours; ainsi les ides étaient une période de 8 jours, les calendes une période de 2 fois 8 jours ou 16 jours. On a ensuite ajouté le nombre de jours nécessaires pour cadrer avec le nombre des jours des mois nouveaux *et ne pas changer les jours de fêtes.* Je n'ai vu aucune explication de l'origine des calendes, nones et ides.

Voici un article à l'appui de ce que j'avance.

« *Cycle.* Bianchini, dans sa dissertation latine impri- « mée à Rome, in-folio, en 1703, donne une description « et une explication générale du cycle de César, que « l'on a trouvé sur un ancien marbre. Il rapporte l'in- « scription complète de ce monument, qui avait été « gravée du temps d'Auguste, et qui ne fut retrouvée « que sur la fin du XVIe siècle, à Rome, sous la colline des

« jardins et en quelques autres endroits. Celle de Rome « avait été placée dans le palais Maffei, et on l'y voyait « au temps où Paul Manuce, Charles Sygonius, Jean « Gruter, Joseph Scaliger et d'autres la publièrent et « tachèrent de l'expliquer. Depuis elle avait été égarée « jusqu'au moment où Bianchini la retrouva. Quoi- « qu'elle soit rompue, les morceaux rajustés l'un avec « l'autre la représentent entière, excepté quelques lignes « qui étaient au-dessus, mais qui ne font pas partie du « calendrier. Il paraît, par plusieurs dates des princi- « paux événements arrivés sous Jules César et sous « Auguste, que ce calendrier avait été fait sous ce « dernier, car il n'y est pas fait mention des empereurs » suivants.

« Il est divisé en 12 colonnes dont chacune contient « les jours de chaque mois. Les jours y sont distingués « en ceux qu'on appelle *fasti*, néfaste, *nefasti primo et* « *comitiales*, par les lettres F, N, NP et C. Les jeux pu- « blics et les fêtes y sont ensuite exprimés en plus petites « lettres; *mais, ce qu'il y a de plus singulier,* ce sont les « 8 *premières* lettres de l'alphabet qui y sont répétées « par ordre, en commençant par A et finissant par H, « depuis le *premier* jour de l'an jusqu'au *dernier*. »

Ce cycle, composé de périodes de 8 jours, vient à l'appui de l'année de 24 ou 48 semaines de huit jours.

« *Nundinales*. C'est le nom que donnent les Romains « aux 8 premières lettres de l'alphabet, dont ils faisaient « usage dans leur calendrier. La suite des lettres A, B, « C, D, E, F, G, H, ɣ, était écrite en colonne, et ré- « pétée successivement depuis le premier jour de l'année « jusqu'au dernier. *Une de ces lettres* marquait les jours « de marché ou d'assemblée, qu'on appelait *nundinæ quasi* « *novem dies*: parce qu'ils revenaient tous les 9 jours.

« Le peuple de la campagne, après avoir travaillé 8 « *jours* de suite, venait à la ville le neuvième jour pour « vendre ses denrées, et pour s'instruire de ce qui avait « rapport, soit à la religion, soit au gouvernement. « Lorsque le jour nundinal tombait, par exemple, sur « la lettre A, il arrivait le 1er, le 9, le 17 et le 25 de « janvier et ainsi de suite, de 9 jours en 9 jours, et la,

« lettre D était pour l'année suivante la lettre nundi-
« nale. Ces lettres nundinales ont une grande ressem-
« blance avec nos dominicales, à cette différence près,
« que celles-ci reviennent tous les 8 jours. »

L'article du mot nundinales est erroné, on commence bien par dire 8 jours et on nomme 9 lettres. La lettre Y est mise en trop. Le mot nundinales est impropre.

Le peuple de la campagne, après avoir travaillé 8 jours de suite; c'est 7 jours qu'il faut dire.

Il est mis :

Lorsque le jour nundinal tombait sur la lettre A, il arrivait le 1er, le 9, le 17 et le 25, et ainsi de suite de 9 en 9 jours. Mais le 1er, le 9, le 17 et 25, c'est tous les 8 jours, de 8 jours en 8 jours, et il faut absolument supprimer la lettre Y, qui est la neuvième, et s'en tenir à la lettre H du calendrier de Jules César; ce qui indique encore que la lettre H est un 8, et que la semaine était de 8 jours. L'usage de dire encore maintenant 8 jours pour une semaine, provient peut-être de ce qu'elle était anciennement composée de 8 jours.

Il est mis: La lettre D était pour l'année suivante la lettre nundinale. Avec une année de 365 jours, ce serait la lettre E par périodes de 8 jours, comme par périodes de 9 jours. 365 divisés par 8 donnent 45 périodes plus 5; divisés par 9, c'est 40 périodes plus 5 également, soit, dans les deux hypothèses, la lettre E, en supposant qu'on n'employait point de jours supplémentaires pour finir l'année, de manière à ce que l'année commençât toujours par la même lettre A.

Fréret. *Chronologie*, tome 8, page 39.

« En mémoire de la destruction de Cirrha, les am-
« phictions établirent des jeux qui devaient se célébrer
« de 4 en 4 ans, ou toutes les cinquièmes années, à l'imi-
« tation de ceux d'Olympie. Il y avait eu *autrefois* des
« jeux, qui se célébraient de 8 en 8 ans, ou toutes les
« neuvièmes années, période que l'on nommait *ennéaé-*
« *téris*. »

Ceci en faveur du cycle de 8 années de 192 jours que l'on célébrait *autrefois*, et à l'appui de 2 petites années pour une.

Le nom d'ennéaétéris chez les Grecs est impropre comme celui de nundinal chez les Romains.

Voici un article à l'appui :

Mémoires de l'Académie, année 1729, tome 4, page 56.

« Varron et Denys d'Halicarnasse nous font voir chez « les Romains les foires établies, *nundinæ*, qui reve- « naient tous les 9 jours par une révolution périodique. « Cette distribution de jours se voit dans un ancien ca- « lendrier dont parle Fabricius. Ce n'était pas alors « pour les Romains, *Hebdomas* qui est une révolution « de 7 *jours*, mais *Ogdoas* qui en est une de 8, en sorte « qu'à compter, comme on fait quelquefois, le premier « de cette huitaine et le premier de la 2e huitaine, cela « faisait une révolution périodique de 9 jours. »

Ceci établit que les périodes n'étaient que de 8 jours.

« *Brumales*. Fêtes des Romains; elles duraient un « mois, et *commençaient* au 24 novembre; elles furent « instituées par Romulus, qui avait coutume, durant « tout ce temps-là, de donner à manger au sénat. »

Ceci à l'appui des mois de 24 jours sous Romulus.

On lit dans *Bailly*, page 128 :

« On ne changea rien au mois de Février, pour ne « pas troubler le culte des dieux infernaux. Le jour « intercalaire fût seulement placé dans ce mois le 24, « le jour qui précédait le sixième avant les calendes ; il « fut appelé *bissexto*, d'où l'année a pris le nom de bis- « sextile. »

Pourquoi a-t-on intercalé ce jour le 24 ? Ne semble-t-il pas que c'est parce que le 24 était la fin du mois dans une époque antérieure.

Bailly, même page : « Juillet était nommé *sectilis*, le « sixième, et août, *le mois suivant*, *quintilis*, soit le cin- « quième. »

Ceci établit que les mois se comptaient comme les calendes, tant de mois avant l'année qui suit, et non tant de mois depuis l'année commencée.

Armée Romaine.

« Les Romains firent très-peu d'addition à la tactique « des Grecs. Tite-Live nous a conservé l'ordre de ba-

« taille, dans lequel on rangeait une légion Romaine.
« Chaque rang, dit-il, était composé de 62 soldats, d'un
« *centurion* et d'un porte-enseigne. »

C'est donc au total un cent de 64. Le mot centurion indique un commandant de cent hommes. Il faut donc qualifier 64 du nom de cent.

« La première division de chaque manipule, appelée
« *pilium*, comprenait trois enseignes, qui étaient com-
« posées chacune de 186 soldats. »

186, c'est 3 fois 62, mais comme il faut ajouter un centurion et un porte-enseigne, cela fait 3 fois 64, ou 192, soit 300, système par 8.

« *Célères*. Les célères étaient un corps destiné à la
« garde des rois romains, établi par Romulus, et com-
« posé de 300 jeunes gens, choisis parmi les plus illus-
« tres familles de Rome, et désignés par les suffrages
« des curies du peuple, dont chacune en fournissait 10.
« Ils faisaient 3 compagnies de 100 maîtres chacune,
« qui avait un capitaine nommé *centurion*. »

C'étaient 3 cents de 64. Les curies en fournissaient 8; il y avait 24 curies, 3 fois 8 et non 30.

Ce que je vais transcrire pour le mot comices, va confirmer entièrement ce que je viens d'énoncer.

« *Comices*. La distinction des comices suivit la
« distribution du peuple romain. Le peuple romain
« était divisé en centuries, en curies et en tribus. »

« *Comices dits centuries*. Assemblées où le peuple
« était divisé en 193 centuries. »

193 est mis pour 192, et ce nombre 192 vient corroborer ce que j'ai dit, c'est 3 fois 64, ou 300, système par 8. C'est pourquoi au mot *célères*, il est mis que c'est un corps composé de 300 jeunes gens; ainsi c'est bien 300 *de* 64 *au cent*. »

« *Comices dits curiates*. Assemblées où le peuple était
« distribué dans ses 30 curies et où l'on terminait les
« affaires, selon le plus grand nombre de voix des
« curies. On en fait remonter l'origine jusque sous Ro-
« mulus. »

Ces 30 curies sont mises pour 24 curies de 8, qui font 192 ou 300, système par 8, d'autant plus qu'on les fait remonter à Romulus et qu'alors c'était bien 192.

Au mot légion, il est mis que Romulus divisa la légion en 10 corps, nommés manipules (c'est 8 manipules), que la légion était composée de 30 manipules et 10 cohortes (c'est 24 manipules et 8 cohortes).

Il est mis :

« Ce fut Marius, selon Pline, qui choisit l'aigle seule « pour l'enseigne générale des légions romaines; car, « outre l'aigle, chaque cohorte avait ses propres en- « seignes, faites en forme de petites bannières, d'une « étoffe de pourpre, où il y avait des dragons peints « (en Chine, le dragon est leur enseigne). Chaque ma- « nipule et chaque centurie avait aussi ses enseignes « particulières, de même couleur, sur lesquelles étaient « *des lettres*, pour désigner la légion, la cohorte et la « centurie. »

Comme il n'y avait que 24 lettres, j'y trouve une raison pour compter 24 manipules et non 30. En outre, puisque les lettres indiquaient la légion, la cohorte et la centurie, il fallait que ces lettres fussent des chiffres.

Pline, page 189. « Les nains n'ont qu'une coudée, « les géants 8 coudées. »

On aurait donné aux géants 10 coudées, si la numération par 10 avait existé dans la haute antiquité.

« Papiliones. Tentes pour 8 soldats romains. »

Ceci à l'appui d'une division des troupes par 8.

25e volume des *Mémoires de l'Académie des Inscriptions*. *De la légion romaine*, par Le Beau, page 481 :

« Selon tous les auteurs qui ont parlé de l'établisse- « ment de la légion, Romulus la composa de 3 mille « hommes de pied. Varron prétend même que le mot « *miles* vient de *mille*, parce que chacune des trois « tribus fournissait mille hommes pour la légion. Ce « nombre continua sous les rois suivants, jusqu'à « Servius Tullius. »

Le mot miles romain (mesure itinéraire) étant composée de 8 stades, le mille de compte qui lui est similaire doit aussi avoir été composé de 8 cents de 64. La légion de 3000 hommes sous Romulus est exprimée au calcul par 8, 24 cents de 64.

28e vol. *Mémoire sur la légion romaine*, par Le Beau :

Page 19. « Dans la distribution faite aux armées, « les cavaliers ont ordinairement *le triple* des gens « de pied, tandis que les centurions n'ont que *le dou-* « *ble*. Dans l'établissement de la colonne de Vibo, selon « Tite-Live, on donne 15 arpents aux fantassins et 30 « aux cavaliers, et, dans celui de la colonie d'Aquilée, « on assigne 50 arpents aux soldats d'infanterie, 100 « aux centuries et 140 aux cavaliers. »

Le nombre 140 *n'est pas le triple de celui* 50, et il fait découvrir comment il faut entendre cet article. 50 est mis pour un demi-cent ou 32; 100 pour un cent de 64, et 140 est mis pour un cent de 64 plus un demi-cent, 4 fois 8 ou 32, ensemble 96, ce qui donne la proportion 32, le double 64, *le triple* 96; les nombres mentionnés 15 et 30 arpents sont mis pour 12 et 24.

Au mot *calculi*, *Dictionnaire de l'Encyclopédie*, il est mis que, selon *Horus-Apollo*, la marque de X ou de cette croix dont les traits sont *doubles*, a toujours valu 10, que cette constance et cette durée dans un chiffre convenu, sont bien singulières.

L'ancienneté de cette marque est pour moi une preuve qu'elle exprimait 8, et, selon Horus-Apollo même, il faut dire que cette marque a toujours valu le nombre qu'on considérait comme la représentation de ce que nous nommons actuellement huit. Cette même marque a depuis signifié ce que nous nommons dix, de même que la moitié de X exprimait le nombre 4 dont on a fait le nombre 5. Si maintenant on reprenait la numération par huit, on pourrait nommer dix, ce qu'on nomme maintenant huit, on rendrait à ce mot son ancienne signification.

Ces marques X et V, inscrites dans les anciens ouvrages, ont été traduites par 10 et 5. Ces chiffres romains seraient une représentation ancienne de la numération par huit.

Mémoires de l'Académie des Inscriptions : — Dissertation historique sur les fastes, par l'abbé Couture.

« Si l'on en croit Solin, les habitants de l'Avinium « avaient 13 mois à leur année. »

C'est toujours 48 périodes de 8 jours, 384 jours, 600, système par 8, et non 13 lunaisons, si ce n'est par coïncidence.

Pline second.

Page 395. « En parlant des livres de Numa, il est « mis que, suivant Caïus Pison, il y avait 14 livres dont « 7 traitaient de la religion et les 7 *autres* de la philo« sophie de Pythagore, mais que Varro marque en son « livre des antiquités du monde, qu'il n'y avait que 12 « livres, que toutefois Valérius Antias dit qu'il n'y en « avait que 5, dont les 2, qui étaient écrits en latin, « traitaient des faits de la religion, mais que les 2 *au*« *tres*, qui étaient écrits en grec, ne parlaient que de « philosophie. »

Ici on voit que 14 est mis pour 8 plus 4, ou 12 comme le marque Varro. Les nombres 7 sont mis pour 4 plus 2, soit 6. On voit ensuite clairement que l'on a changé 4 en 5, puisque l'on met 5 livres, dont 2 en latin et *les* 2 *autres* en grec, ce qui ne fait bien que 4 livres.

Mémoire de l'Académie, année 1733, tome 7, page 127.

« Remarques sur la vie de Romulus.

« Romulus mourut, selon Denys d'Halicarnasse, la « 37e année de son règne; suivant Plutarque, la 38e. « Tite-Live et les fastes capitolins ne décident point les « questions sur la durée de son règne, ils marquent qu'il « fut de 37 ans. Mais Plutarque dit lui-même positive« ment, dans un autre endroit de ses ouvrages, que Ro« mulus fut tué la 37e année de la fondation de Rome. Le « même auteur dit ailleurs que *Numa*, qui était né le « même jour que Rome avait été fondée, monta sur le « trône dans la 40e *année* de son âge. *Cette date ne* « *s'accorde pas* avec aucune de celles qu'il donne à la « mort de Romulus, car si elle était arrivée dans la 37e « ou la 38e année de la fondation de Rome, il faudra « nécessairement, en ajoutant une année d'interrègne, « que Numa ne soit monté sur le trône que la 38e ou la « 39e année de Rome; on ne peut au reste faire un « grand crime à un auteur de pareilles fautes, qui ne « viennent souvent que de la manière de compter par « années révolues ou seulement commencées. »

Il n'y a pas de faute au calcul par 8. Après la 37e année doit venir la 40e, puisqu'on comptait par huitaine. Les 37 ans de Romulus font 3 fois 8 plus 7, ou 31 ans, et les 40 ans de Numa font 4 fois 8 ou 32.

MÉMOIRES DE LITTÉRATURE, ANNÉE 1740, t. 12, p. 27.

« *Dissertations sur l'origine des Lois des XII Tables, par* M. BONAMY. »

A la vue de ce titre, je me suis dit que, dans l'origine, la marque X ne valant que *huit*, ce devait être la loi des dix tables, et j'ai cherché à trouver, dans ce chapitre, des faits à l'appui de mon opinion.

Il est mis, d'abord, que c'est un sentiment commun que les lois des XII tables sont émanées des lois de Solon. Comme j'ai donné quelques raisons que les Grecs comptaient par huit, c'est un premier indice que les douze tables sont mises pour les dix tables, 8 plus 2, au lieu de 10 plus 2.

Page 43, il est mis : « Les décemvirs firent graver, « selon Denys d'Halicarnasse, les lois sur *dix colonnes* « *d'airain*. »

Puis ensuite : « Les nouveaux décemvirs, à la tête « desquels était encore Appius (451 ans avant J.-C.), « ajoutèrent 2 nouvelles tables aux 10 premières. C'est « ainsi que les fameuses lois des XII tables ont été re- « çues dans la république. »

Ceci semble établir qu'il y avait d'abord 10 tables, qu'on en a ensuite ajouté 2 nouvelles pour faire 12. Mais ce n'est pas encore l'époque des 12 tables, parce que le nombre 10 devait signifier à cette époque 8, et, dans ce cas, ce serait 2 tables ajoutées aux 8 premières, ce qui ne ferait que 10 tables; ce serait à une époque postérieure qu'on aurait ajouté 2 nouvelles tables, pour former les 12 tables, si les douze tables ont existé.

MÉMOIRES DE L'ACADÉMIE, ANNÉE 1717, t. 1er, p. 60.

Dissertation historique sur les fastes des Romains, par M. COUTURE.

« Les fastes n'étaient point connus des Romains, sous « Romulus; les jours leur étaient tous indifférents, et « l'année qui, selon quelques-uns, était composée de « 10 mois (10 est mis pour 8) seulement, et selon quel-

« ques autres de 12, mais *beaucoup plus courts* qu'ils « ne devaient l'être, bien loin d'avoir aucune distinc« tion certaine pour les jours, n'en avait pas même « pour les saisons, l'année n'étant alors composée que « de 304 jours, comme l'ont cru Fulvius, Varron, Sué« tone, Censorin, Solin et Macrobe. »

On ne voit pas d'où peut provenir ce nombre de 304 jours. Il est cependant bien remarquable pour moi, car 304 ressemble beaucoup à 384, le nombre de jours de la grande année ancienne, correspondant à 600 jours, système par 8. Les Romains devaient avoir cette grande année de 384 jours, composée de 48 semaines *de 8 jours*, car leurs semaines étaient bien de 8 jours.

MÉMOIRE DE L'ACADÉMIE, ANNÉE 1717, t. 2e, p. 412.

Restitution chronologique d'un endroit de Censorin, par M. BOIVIN *l'aîné.*

L'auteur cherche à prouver que depuis la prise de Troie jusqu'à la première olympiade, il y a 400 *ans.* Il met, page 424 :

« Cela n'empêche pas qu'il n'y ait aussi quelques di« versités d'opinions sur cet intervalle. Syncelle, par « exemple, y met 616 ans; mais que peuvent des au« teurs particuliers contre Le Parieu, Censorin et « Eusèbe. »

616 ans au système par 8 font *précisément* 400 ans, système par 10. 616 c'est 6 fois 64, soit 384 ans plus 16, ou 400 ans. On peut objecter que 16 ans, système par 8, ne font que 8 plus 6, ou 14, ce qui ne ferait que 398 ans. Mais précédemment, même page, on cite les nombres grecs d'Eusèbe, où il met 400 ans, mais on ajoute qu'un peu auparavant, Eusèbe a mis *un peu moins* de 400 ans, ce qui rend donc encore la preuve plus évidente que ces deux nombres sont exprimés suivant les deux numérations, et le nombre 616 devient exactement 398 ans, soit un peu moins que 400 ans.

Antiquités Gauloises.

J'ai dit que l'on devait retrouver des traces de la numération par huit, dans le nord de l'Europe, en Islande, en Angleterre, *en France même.* Je vais transcrire quelques citations à l'appui que cette numération existait chez le anciens Gaulois.

Supplément de l'*Antiquité expliquée*, de MONTFAUCON.

2e volume, page 219. « Voici une chose, à mon avis, « toute nouvelle pour les antiquaires et pour les gens « de lettres, les temples des anciens Gaulois. Ce ne sont « point de ces antiques déterrés nouvellement et qu'on « ne connaissait pas, parce que la terre les avait cachés « jusqu'à nos jours. Mais ce sont des monuments ex- « posés à la vue des passants, et cependant inconnus à « presque tout le monde, dont personne ne parlait, et « tout cela faute de réflexion. Il y a toutes les apparen- « ces qu'ils étaient en grand nombre dans les Gaules. « En voilà déjà sept trouvés sans beaucoup de recher- « ches, et qui donneront peut-être occasion d'en remar- « quer bien d'autres. Ces temples sont *tous octogones*, « forme que les anciens Gaulois aimaient dans leurs « bâtiments de tous genres. Le phare de Boulogne- « sur-Mer, La tour Magne de Nîmes, la tour de Mara- « ton, et la tour du cimetière des Innocents de Paris, « sont aussi octogones. Autre connaissance que nous « devons aussi à la réflexion, et comme, par une *grada-* « *tion* de découvertes, on arrive d'une connaissance à « une autre, ceci nous donnera peut-être lieu de déter- « rer *bien d'autres choses.* »

Page 221. « Le premier et le plus remarquable de « tous ces temples octogones, est celui du Mont-Mo- « rillon en Poitou, dont nous donnons ici le plan.

« Au-dessus de la porte du temple, il y a 8 figures « humaines, grossièrement travaillées, qui sont, selon « toutes les apparences, 8 *divinités;* de ces 8 figures, « il y en a 6 d'hommes, 2 de femmes. Quant au nom- « bre *de* 8, la pensée qui vient tout d'abord est qu'il se « rapporte aux 8 faces du temple, une face pour cha- « que divinité. Il est difficile de pousser plus avant l'ex- « plication, à moins que quelque nouveau monument « ne nous éclaircisse là-dessus. Nous en allons voir ef- « fectivement un autre qui marque que le nombre de « 8 était *consacré* par les divinités gauloises. »

Page 224. « Colonne de Cussi; 8 divinités dans la « partie octogone de la colonne.

« La partie octogone de cette colonne, qui, dans ses « 8 *faces* nous montre 8 *statues*, nous invite à la mettre « parmi les temples octogones des Gaulois.

« La colonne peut être divisée en quatre parties « presque égales; la partie du bas, qui fait comme le « soubassement de la colonne, a 8 faces; la seconde « partie, qu'on peut regarder comme le piédestal de la « colonne, est un octogone parfait. A chacune des 8 « faces sont autant de figures des dieux ou déesses.

« Ce qui frappe le plus dans cette colonne, et dont « on peut tirer plus d'instruction, sont les 8 figures que « nous voyons sur les 8 faces. Ce ne sont point des di- « vinités purement gauloises, mais des divinités ro- « maines, que les Gaulois adoptèrent dès qu'ils furent « sujets romains. Il n'y avait pas longtemps que les « Gaules avaient été conquises par Jules-César, lorsque « les bateliers de Paris firent cet autel où sont repré- « sentées plusieurs divinités, et, parmi celles-là, il y a « quatre dieux romains avec leurs noms romains, et « quatre dieux gaulois, avec leurs noms gaulois. Ces « dieux se voient représentés sur deux pierres carrées « et solides, quatre sur les quatre faces de chaque « pierre, deux dieux romains et deux dieux gaulois à « chacune, ce qui semble avoir été fait à dessein. Sur « l'une des pierres sont Vulcain, Jupiter, Esus et Turgès « Trigarannus. Sur l'autre, c'est Castor, Pollux, Ter- « nunnos et un autre dont on ne peut lire le nom. « L'Autel fut fait du temps de Tibère, où il pouvait en- « core y avoir des vieilles gens qui se souvenaient de la « conquête des Gaules par Jules-César; et les Gaulois « avaient déjà adopté bien des dieux romains avec leurs « noms.

« Ce qui est ici à remarquer, est que dans ces pierres « de l'église cathédrale, il se trouve *précisément* le « nombre de 8 *divinités*, de même que dans les deux « pierres trouvées ensemble, et que j'ai mises dans la « planche CXCII du second tome de l'antiquité. Il y en « a aussi 8 sur cette colonne et sur une des faces du

« temple de Mont-Morillon, ce qui fait conjecturer que,
« de même que les Gaulois aimaient à faire leurs tem-
« ples et leurs autres bâtiments à 8 faces, ils représen-
« tent aussi *souvent* 8 divinités ensemble. Il fallut qu'il y
« eût *quelques mystères cachés* sous *ce nombre de* 8, que
« les monuments que l'on découvrira dans la suite
« pourront peut-être apprendre. »

Ces 8 divinités des Gaulois sont la même chose que les 8 premiers dieux de l'Egypte, que les 8 esprits de la Chine; ce sont les 8 divinités présidant aux 8 mois dont l'année était primitivement composée.

Chine.

Je vais mentionner de nouveau des articles sur les Chinois.

La numération par huit, dans la haute antiquité, peut s'appuyer sur le nombre et sur les dimensions des pierres sonores pour la musique des Chinois. Pierres qui maintenant sont les monuments dont on ait *les dimensions relatives exactes*, et dont les mesures relatives sont toujours composées, dans les multiplications ou divisions, par *huit*, et, quoique les auteurs y trouvent diverses proportions, toutes ces proportions peuvent se réduire en huitièmes.

Voici les citations sur lesquelles je m'appuie.

Mémoires sur les Chinois, tome 6, page 263.

« Les king, ou instruments de musique en pierre,
« sont en usage en Chine, de toute antiquité. Si l'on
« veut comparer aux mesures des anciens king, les di-
« mensions arbitraires et sans nulle proportion entre
« elles que les Chinois modernes donnent à leurs king
« depuis plusieurs siècles, on en conclura aisément
« que celles que nous venons de décrire portent l'em-
« preinte de la plus haute antiquité, soient qu'elles
« soient réellement anciennes, soient qu'elles partent
« d'une main nourrie des principes *simples et sublimes*
« *de l'antiquité*; tandis que les dimensions des modernes
« sont un témoignage de leurs différentes erreurs, de
« la perte ou de l'oubli des principes et des *altérations*
« *survenues* dans le pied chinois. Car *les fractions* en

« lignes, dixièmes de lignes, centièmes, etc., qui accom- « pagnent les dimensions des king *modernes prouvent* « que d'anciens king ont été mesurés avec un pied qui « n'était plus le même que *celui des anciens*, et c'est ce « qui a donné ces fractions. »

Voici quelques citations tirées de la page 29.

« De tous temps, les Chinois ont distingué *huit* es- « pèces différentes de sons, et ont pensé que pour les « produire, la nature avait formé *huit* sortes de corps « sonores, sous lesquels les autres pouvaient se classer. « Cette division, disent les Chinois, n'est point arbi- « traire; on la trouve dans la nature, quand on veut se « donner la peine de l'étudier. Elle découle, comme « naturellement, ajoutent-ils, *de la doctrine des tri-* « *grammes de Fou-hi*, et elle est *limitée* par le nom- « bre 8, nombre qui compose aussi la totalité des tri- « grammes.

« Le désordre général que firent naître dans l'em- « pire les guerres presque continuelles dont il fut agité « pendant près de quatre siècles, *fit négliger* l'étude des « anciens principes de la musique. Mais, dans les pro- « vinces méridionales, quelques lettrés du premier « rang s'attachèrent à *conserver les anciens usages* dans « toute leur pureté; et, comme la musique tenait à la « plupart de ces usages, ils la conservèrent pareille- « ment telle qu'ils l'avaient reçue de leurs ancêtres. Ils « ne changèrent rien aux instruments : ils s'appliquè- « rent au contraire à développer la méthode suivant « laquelle ils étaient construits; et, en les comparant « avec ce qui est dit dans les livres les plus authentiques, « avec les descriptions faites *dans les premiers temps* « et avec ce qu'*une tradition non interrompue* leur as- « surait avoir été déterminée par Hoang-ti lui-même, « ils se convainquirent qu'en fait de musique comme « en toute autre chose, ce qui leur venait *des anciens* « *était préférable* à ce qu'introduisaient chaque jour « les modernes. »

« On compte *huit* espèces de tambours, ou pour « mieux dire on donnait *huit* noms différents à des « tambours construits à peu près de même.

« Sous le règne de Tcheng-ti, vers l'an 32 avant J.-C., « on trouva dans le fond d'un étang un ancien king « composé de *seize* pierres. »

Page 41. « L'an 247 de l'ère chrétienne, on présenta « à l'empereur un king fait de pierres de yu, composé « de *seize* pierres.

« Le ping-king est un assortiment de *seize pierres* « formant le système de sons qu'employaient les *an-* « *ciens Chinois* dans leur musique.

« *Tous les anciens fragments* ont toujours parlé de « *seize* cloches, de *seize* king, de *seize* pei-fiao. »

Tous ces renseignements sur les instruments de l'ancienne musique indiquent une numération par 8.

6me volume des *Mémoires des Chinois*.

Page 93. « *Dissertation sur la musique des Chinois*, « par M. Amiot. Sous Hong-ti (2637 ans avant J.-C.), « le lu générateur fut fixé à 9 pouces de longueur. Ce « nombre est le dernier terme de la figure Lo-chou. 9 « fois 9 égalent 81 ; ainsi Hoang-Tchoung, qui est ce « lu générateur, est constitué par 81 parties égales, « dont on peut prendre tel nombre que l'on voudra pour « former les autres lu.

« Pour la facilité du calcul, on substitua le nombre « 10 à celui 9, et l'on procéda par la progression dé- « cuple.

« Or, 10 est le *dernier terme* de la figure Ho-tou ; « ainsi, en formant le lu générateur suivant cette « figure, le Hoang-Tchoung aura 10 pouces de longueur, « et le nombre de ces parties sera de 100, parce « que 10 fois 10 égalent 100 (le pouce étant de 10 « lignes). »

« Pour bien faire, dit Tsai-yu, il faut suivre la mé- « thode des anciens, et joindre les nombres impairs de « la figure Lo-chou aux nombres pairs de la figure « Ho-tou. »

Note de M. Amiot.

« Passage bien précieux dont il serait à souhaiter « que les Chinois modernes n'eussent pas *perdu le* « *sens et l'application !* En effet, joignez, suivant la « méthode des anciens, les nombres pairs aux nom-

« bres impairs, c'est-à-dire *la progression double à la* « *progression triple*, et vous aurez tout le système « musical. »

Continuation de ce que dit Tsai-yu.

« Cette méthode n'est pas seulement l'ouvrage de « l'homme, elle a été suggérée à l'homme par le Ciel « lui-même, lorsqu'il lui montra les figures Lo-chou et « Ho-tou sur la maison de la tortue mystérieuse et sur « le corps du dragon-cheval.

« Ce qui est cause, continue Tsai-yu, que les lu sont « depuis près de *trois mille ans* dans un état d'*imperfec-* « *tion* qui eût révolté les anciens. »

Note de M. Amiot.

« Aveu de la part du prince Tsai-yu qui confirme « l'excellence de cette méthode, qu'il dit avoir été sug- « gérée par le Ciel lui-même. »

On voit par ces citations que l'on invoque les figures Ho-tou et Lo-chou pour la progression de la musique, mais on parle des nombres 9 et 10, et il semblerait que la même cause, la même erreur qui a fait changer ces tables en 9 et 10, de 8 et 9 qu'elles étaient, aurait fait changer la progression de la musique, suivant ces nombres, ce qui aurait donné à la musique un état d'imperfection qui *eût révolté les anciens*. Mais les tables Ho-tou et Lo-chou, chez les anciens, étant de 8 et 9 nombres, soit *la suite d'une progression double et d'une progression triple*, il s'en suit que la musique, chez les anciens, était conforme à cette progression. Aussi M. Amiot, qui a trouvé, comme on le voit par sa note, que la progression double jointe à la progression triple était la base du système musical, dit-il, qu'il serait à souhaiter que les Chinois modernes *n'en eussent pas perdu le sens et l'application*.

Je vais confirmer par des figures anciennes sur l'art militaire des Chinois, que l'on donne *comme la représentation* des figures Ho-tou et Lo-chou et des signes des koua, que ces figures étaient de 8 et 9 nombres ; ainsi, ce n'est pas seulement par le sens des phrases, par les erreurs de chiffres, mais par des figures apportant avec elles deux genres de preuves, soit par leur configuration et par le nombre de leurs zéros, que j'amènerai la preuve du point que j'avance.

Dans les temps les plus reculés, sous Hoang-ti, on verra que la division des troupes était par 8 et 64, que l'on appelait comme 10 et 100.

Dans l'antiquité, on verra que les tables du Ho-tou et du Lo-chou *ont été connues* pour être des tables de 8 et 9 nombres, et non de 9 et 10. C'est par suite d'un changement de numération de 8 en 10 que ces tables nous sont parvenues divisées en 9 et 10 parties : il est visible, par le sens des articles que j'ai cités et par ce que je vais rapporter sur l'art militaire des Chinois, que l'on connaissait les tables du Ho-tou et du Lo-chou pour être des tables de 8 et 9 nombres.

8me volume des *Mémoires sur les Chinois.*

Page 332. « Je vais rapporter fidèlement ce que dit « l'auteur que j'ai sous les yeux, lequel a pour ses « garants les auteurs *les plus anciens* et les plus « célèbres.

« Il commence par Hoang-ti : on nous a conservé « trois campements qui peuvent donner une idée de son « mérite en ce genre.

« Le premier est en cinq divisions de la manière « qu'il se voit dans la planche 1re, figure 1.

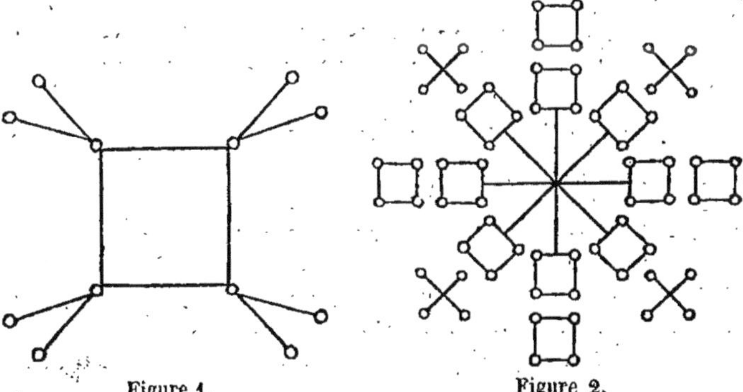

Figure 1. Figure 2.

Le second est plus combiné ; et les différents corps « de la milice désignés sous le nom du ciel, de la « terre, des vents, des nuages, de la balance du ciel et

« de l'axe de la terre, y ont leurs places disposées de « telle façon qu'ils peuvent se mouvoir sans s'embar- « rasser les uns les autres. Figure 2, p. 173.

« Le troisième est plus combiné encore, puisque 9 « corps de troupes peuvent se mettre aisément en « ordre de bataille, se séparer et se rassembler sans « aucune confusion. »

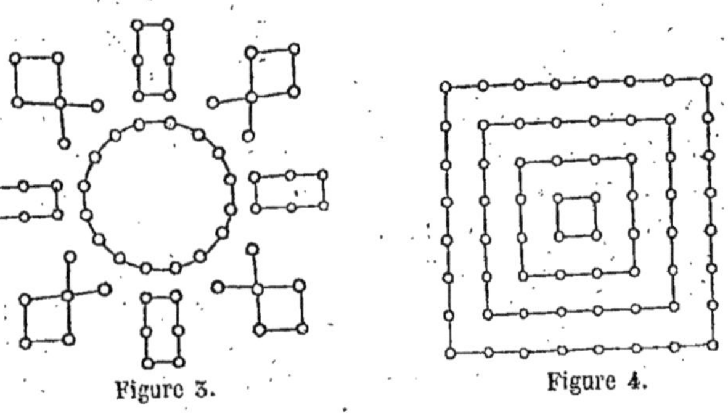

Figure 3. Figure 4.

Ces trois figures dérivent du Ho-tou et du Lo-chou.

La première est en 9 parties, 8 autour et 1 au milieu.

La seconde est en 2 fois 8 parties avec 64 zéros, le cent ancien. On nomme les 8 différents corps de la milice.

La troisième est en 9 parties, 8 autour et 1 dans le milieu, 16 zéros dans le rond du milieu, 48 autour, total 64 (figure 3).

Page 333. « Sun-Tsée et Ou-Tsée (environ 900 ans « avant J.-C.), les mêmes dont j'ai traduit les ouvrages, « ces deux grands généraux renchérirent sur tout ce « qui s'était fait avant eux. Ils ne se contentèrent pas « des bataillons en grands et en petits carrés, ils firent « représenter par leurs corps de troupes, *les figures* « *Lo-chou et Ho-tou,* telles qu'elles furent montrées à « Fou-hi sur le dragon-cheval, et au grand Yu sur la « mystérieuse tortue (voyez figure 4). »

On voit à l'inspection de cette figure, que c'est toujours la même figure divisée en 8 parties et qu'il se trouve 64 zéros.

Page 334. « Vers l'an 200 de notre ère, le fameux « Tchou-ko-léang, d'un génie supérieur, est l'inventeur « de plusieurs campements et ordres de bataille, figures « 7, 8, 9 et 10. »

Les figures 7 et 8 sont toujours les mêmes, de 64 zéros, 8 sur 8.

La figure 9 est composée dans le rond extérieur de 8 figures et de 64 zéros au total.

La figure 10 est composée de 64 zéros, et de 3 fois 8, soit 24 zéros, marqués noir en plein pour indiquer les cavaliers.

Les figures 11, 12 et 13 sont semblables, soit composées de 8 fois 8 ou 64 zéros.

Il n'y a donc rien, dans ces figures, qui puisse établir que l'une des tables du Lo-chou ou du Ho-tou soit par 10.

La figure 109 a, au milieu de l'ancien étendard chinois, *les* 8 *koua* tracés *en rond.*

Mémoires de l'Académie, 24me volume, page 38.

Essai de paléographie numismatique, par M. Barthélémy.

« M. Pellerin a eu la bonté de me communiquer une « médaille d'argent fort épaisse qu'on peut attribuer à « la ville de Thèbes. Elle représente d'un côté un bouclier béotien et de l'autre une aire en croix *divisée en* « 8 *parties triangulaires.* »

Ce dessin est conforme à l'une des deux figures Hotou et Lo-chou divisée en 8 parties, telles que les terres étaient divisées en Chine et en Egypte.

Description de la Chine, par Dubalde, 1er volume.

Page 278. « Hoang-ti, IIIe empereur (2637 ans avant « J.-C.), fit mesurer le pays et le partagea en Tcheou; « il établit plusieurs principautés de 100 lis chacune, « où il bâtit des villes. Il régla que 240 *pas en long sur* « *un pas de large* feraient un mou, que 100 mou feraient « un king; ainsi le pas étant de 5 pieds, il y avait dans « un mou de terre 6,000 pieds carrées et 600,000 dans « un king. Il régla encore que 9 king seraient appelés « tsing, et que ce serait la part de 8 familles qui auraient « chacune un king ou 100 mou pour soi; et que le

« king qui *resterait au milieu*, appartiendrait à l'em-
« pereur et serait cultivé à frais communs par ces 8
« familles. Il fit faire 4 chemins à *chaque* tsing et il
« ordonna que 3 tsing fussent appelés ho-ki, 3 ho-ki
« une rue, 5 rues une ville, 10 villes un tou, 10 tou un
« ché et 10 ché un tchéou. »

Suivant ces nombres, on ne peut former de figure qui réponde au sens de l'article, les chiffres sont erronés, mais comme j'ai deux éléments à ma disposition, les chiffres et une figure carrée, je vais établir que, suivant les chiffres donnés, on ne peut former une figure carrée. Ensuite, rectifiant les chiffres *par une combinaison du calcul par* 8, j'établirai un carré suivant le sens de l'article.

Il est mis que 240 pas de long sur un pas de large font un mou, et que 100 mou font un king, ce qui fait donc 240 pas de long sur 100 pas de large pour un king. Le king doit être carré, cette figure 240 pas sur 100 ne serait donc pas un king.

9 king, est-il mis, forment un tsing. Il faudrait chercher à former un carré composé de 9 parties, dont une au milieu avec 9 figures de 240 pas sur 100, ce n'est pas possible.

Tout l'article s'applique très-bien (en rectifiant les chiffres) à la figure que j'ai tracée au commencement, et que je répète ci-contre; on y voit le carré du milieu, les 9 carrés et les 4 chemins AA', BB', CC', DD'.

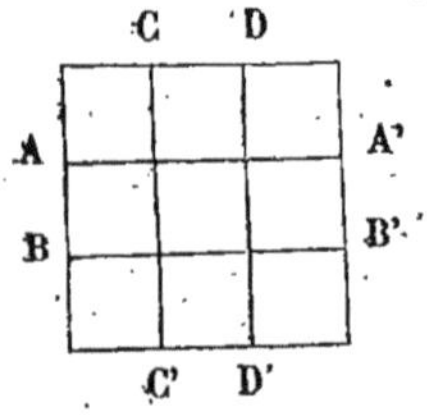

Pour les nombres, il faut changer 240 en 192, parce que avant la numération par 10, c'étaient 8 fois 24, dont on a fait 24 et un zéro soit 240, mais 8 fois 24 ne font que 192; mon nouveau nombre 192 est égal à 3 fois 64, soit 3 fois cent, 300. Ainsi, si l'on rétablissait le calcul par 8, on devrait poser 192 comme 300 et 64 comme 100.

Je dois faire un petit changement au texte, on verra à la fin que le sens le demande, au lieu du texte qui dit : il régla que 240 pas de long sur un de large feraient un mou, il faut lire : il régla que 240 pieds de long sur 3 pieds le large feraient un mou. Il est probable que le principe était 3 pieds pour un pas, quoique le texte dise 5 pieds pour un pas, de sorte que, au lieu de 240 pas, c'est 240 pieds de long sur 3 pieds de large pour un mou. Mais je viens de dire que 240 avait été mis pour 192 ou 3 fois 64, ou 300 pieds, égaux à 100 pas ; ainsi un mou c'est 100 pas de long sur un pas de large (en se basant sur 100 pas de long sur un pas de large, il est indifférent que le pas soit de 3, 4 ou 5 pieds) ; il faut donc multiplier 100 pas de long sur un de large par 100 ; j'ai alors un *carré* de 100 pas de long sur 100 pas de large, soit un king de 10,000 pas carrés, mais ce sont 10 mille pas carrés, au système par 8, qui correspondent à 64 fois 64 ou 4096 pas carrés.

Il régla encore, est-il mis, que 9 king seraient appelés tsing, et que ce serait la part de 8 familles qui auraient chacune un king ou 100 mou pour soi, et que le king qui resterait *au milieu* appartiendrait à l'empereur, et serait cultivé en commun par ces 8 familles. La figure que je viens de tracer est un tsing composé de 9 king, dont 8 pour les 8 familles et un au milieu à cultiver en commun pour l'empereur.

Il ordonna que 3 tsing fussent appelés ho-ki et 3 ho-ki une rue. Cela ferait encore une figure semblable de 9 carrés, composée de 9 tsing, comme un tsing est composé de 9 king. Le mot rue est sans doute impropre, ce peut être une bourgade, une réunion de 64 familles, soit un cent au calcul par huit. En remontant ainsi on arriverait aux 9 provinces dont la Chine est composée. Il est mis ensuite 5 rues : une ville, c'est 4 rues ; puis 10 villes, 10 tou, 10 ché, c'est 8 villes, 8 tou, 8 ché.

Voici une citation, tirée des mémoires des Chinois, 9me volume, qui explique bien cette division en 8 et en 9 parties.

Page 370. « Les terres étaient divisées en petits « carrés, divisés aussi en 9 portions égales, cultivées « par 8 familles qui donnaient à l'État le produit de « la 9me, et gardaient chacune celui de la leur. 9 de « ces carrés étaient entourés d'un petit ruisseau, 81

12

« (9 fois 9), avaient un petit canal, et 9 de ceux-ci un « plus grand, etc. Les canaux se multipliaient et crois« saient selon cette progression. Les villages pour les « ouvriers et pour les marchés se trouvaient au milieu « des quatre angles des grands carrés. Les pâturages « et les forêts étaient renvoyés sur les bords. »

La manière actuelle de compter des Chinois, indique que son origine vient des koua. Les koua vont jusqu'à 64, c'est-à-dire jusqu'à cent, calcul par 8. Pour compter plus avant, ils ont dû compter de nouveau 64 fois 64 koua, ce qui a correspondu à 100 fois 100, ou dix mille; et ils ont donné à ce produit, à ce *type* de 100 fois 100, le nom de ouan, comme si, au lieu de partager nos chiffres par tranches de 3, nous les partagions par tranches de 4 chiffres. Après cette série de 4 chiffres, soit de dix mille, ils ont encore formé une nouvelle série de 4 chiffres, c'est ce qui va ressortir des citations suivantes.

Je vais d'abord transcrire les nombres Chinois suivant le 2me volume, *Description de la Chine,* par le P. Duhalde, page 238.

« y	un	che-y	onze.
« eul	deux	eul-che	vingt.
« san	trois	san-che	trente.
« ssë	quatre	pe	cent.
« ou	cinq	eul-pe	deux cents.
« lou	six	y tsien	un mille.
« tsi	sept	y ouan	un dix mille.
« pa	huit	eul ouan	vingt mille (deux fois dix mille).
« kieou	neuf	che ouan	cent mille, la traduction littérale est dix dix mille.
« che	dix		
		y pe ouan	un million, la traduction littérale est un cent fois dix mille.

6me volume des *Mémoires sur les Chinois.*

Page 374. « Dénombrement des habitants de la

« Chine, année 1777. Tableau *tiré du tribunal même* « des fermes de la Chine.

« On a reçu cette année, 1° une pièce originale, au- « thentique, contenant ce dénombrement en caractères « chinois; 2° une copie de cette même pièce, aussi en « caractères chinois, dont une partie écrite en rouge; « 3° une explication de ces caractères en rouge, avec « les mots chinois que signifient ces caractères et la « traduction de ces mots en français, ainsi qu'on va les « voir dans ce qui suit : »

(Lire les nombres de haut en bas.)

« Province Fongt-Tien	66,8852 habitants.
« Leou « Che } soixante	On voit qu'il est mis soixante-six ouan, soit soixante-six fois dix mille, huit mille huit cent cinquante-deux habitants.
« Leou, six	
« Ouan, dix mille	
« Pa, huit	
« Tsien, mille	
« Pa, huit.	
« Pei, cent.	
« Ou « Che } cinquante	
« Eul, deux	
« Province Tche-Ly	1522,2940 habitants.
« Y, un	Un mille cinq cent vingt-deux dix mille, deux mille neuf cent quarante habitants.
« Tsien, mille	J'ai ajouté le mot cent pour le mot qui, je suppose, a été omis.
« Ou, cinq	
« Eul « Che } vingt	
« Eul, deux	
« Ouan, dix mille	
« Eul, deux	
« Tsien, mille	
« Kieou, neuf	
« Pei, cent	
« Se « Chi } quarante.	
« Province Kiang-Si	1100,6640 habitants.
« Y, un	Un mille un cent dix mille,

« Tsien, mille
« Y, un
« Pei, cent
« Ouan, dix mille
« Leou, six
« Tsien, mille
« Leou, six
« Pei, cent
« Se
« Che } quarante.

ou onze cents fois dix mille, six mille six cent quarante habitants.

Les caractères des koua sont également tracés par lignes verticales de haut en bas ; on a aussi les signes un un, un deux, un trois, etc. Dans les tableaux que je viens de transcrire, pour exprimer onze cents, on met *un* mille, *un* cent, on ajoute le mot un pour exprimer un mille. comme dans les koua on ajoute le signe un au signe un, pour dire un un. La différence entre les signes des koua et ceux de la numération actuelle par 10, c'est que, dans les koua, le chiffre *un* se trouvant joint avec la première série des huit premiers nombres, c'est le 2 qui vient former la tête de la seconde série, le 3, la tête de la troisième; tandis que, dans la numération par 10, le 1 vient la tête de la seconde série, le 2 la tête de la troisième, etc.

Une remarque essentielle, à l'appui d'une ancienne numération par 8, c'est que tous les mots d'origine sont, en Chine, monosyllabiques, et que le nombre neuf se trouve être le premier qui ait plusieurs syllabes, comme s'il était 8 plus 1, ce qui indique que 8 était le dernier nombre de la première série.

On peut encore remarquer que dans le mot kieou qui exprime neuf, se trouve *ki* qui ressemble à *y* qui signifie *un*, que dans les koua, le signe 9 se marque par le signe de la seconde série et par le signe 1, soit 8 plus 1.

Après la série ouan qui signifie 10 mille, ne vient pas 100 mille, mais che ouan, soit dix fois dix mille, ou dix ouan.

Puis ensuite ne vient pas un million, mais *y*, *pe*,

ouan qui veut dire, un cent fois un ouan ou cent fois dix mille.

Tout ceci indique une numération antérieure par série de 8 fois formant 64, soit le cent, puis cent fois cent.

On a vu aux chiffres grecs que l'on dit aussi en Grèce dix fois dix mille au lieu de cent mille.

Duhalde, 2me volume, page 166.

« A l'égard des monnaies, on en trouve trois gra-« vées, l'une qui est ronde, et qui pèse 8 taëls, re-« présente un dragon au milieu des nuages ; l'autre « d'une forme carrée, où l'on voit un cheval qui ga-« loppe : elle est du poids de 6 taëls ; la troisième est « oblongue et à la forme du dos d'une tortue : on y lit « sur chaque compartiment, la lettre rang qui veut « dire roi, elle ne pèse que 4 taëls. »

La proportion du poids de ces pièces est donc 8, 6, 4.

Page 167. « La livre chinoise est de 16 onces. »

3me volume, page 274. « Le P. Nicolas Trigault, « qui entra à la Chine en l'année 1619, et qui lut plus « de cent volumes de leurs annales, assure que les ob-« servations célestes des Chinois ont commencé peu « de temps après le déluge, et qu'ils ont fait ces obser-« vations, *non pas*, selon les heures et les minutes, « comme nous faisons, mais par des degrés entiers, etc., « comptant de *cent en cent* degrés, etc. »

Ce que je remarque dans cet article, c'est : comptant de cent en cent degrés, et peu après le déluge ; ce qui établit que, dans la haute antiquité, la circonférence était divisée en un certain nombre de cents degrés.

Suivant ma manière de compter, j'ai eu pour la division de la circonférence 192 ou 384 degrés, soit 300 ou 600 degrés, système par 8 ; ce qui rendrait raison de leur ancienne manière de compter de cent en cent degrés, et ce qui établit que l'on comptait par 8.

Page 23. « Chapelets chinois de 100 grains et de 8 « plus gros. »

Ceci ne peut pas être. J'y trouve un forte raison que 100 c'est 64, car on ne peut espacer également les 8 plus gros grains. 100 divisé par 8 donne 12 1/2; 64, le cent ancien, divisé par 8 donne 8. Dans ce cas, après 8 petits grains, il y en avait un plus gros; cela forme le chapelet de 72 grains, se divisant en 36, 18 et 9.

13me volume des *Mémoires sur les Chinois.*

« Page 274, année 2288 avant J.-C.

« Kao-yang-che avait parmi ses enfants 8 fils qui « se distinguèrent par leurs vertus. Les noms de ces « vertueux personnages sont etc. Ils étaient parfaite- « ment instruits. On les désignait sous le nom des 8 kai, « comme si l'on avait dit les 8 modèles, les 8 instruc- « teurs, les 8 conseillers du peuple.

« Kao-sin-che avait également 8 fils qui s'étaient « rendus recommandables par leurs belles qualités; « leurs noms sont etc. (C'est sans doute parce que les « noms sont désignés qu'on n'a pas traduit 8 par 10). « C'est à cause de leurs vertus constamment soutenues, « que le peuple les appelle les 8 yuen, comme qui di- « rait les 8 *principes*, les 8 *sources* de tous les biens, etc. « Quoique les descendants de ces 16 personnages « n'eussent pas dégénéré de la vertu de leurs ancêtres, « Yao ne put se décharger sur aucun d'eux en particu- « lier du soin de gouverner tous les autres; il donna « à Thum la préférence sur eux tous..... Par les 8 kai « et les 8 yuen, il faut entendre le peuple en général, « parce que ces 16 familles venant en droite ligne des « empereurs, étaient les plus distinguées. »

Ceci indique 2 périodes de 8 nombres, soit 16, qui alors étaient sans doute les 8 modèles, les 8 principes, les 8 sources. Ces désignations ne peuvent s'appliquer qu'à des nombres. Si le nombre 8 n'avait pas été un type, on n'aurait pas appelé ce nombre les 8 principes, les 8 sources.

2me volume des *Mémoires sur les Chinois*, page 506.

« Sa passion pour le nombre 5 dérive, selon nous, « de cette mémorable erreur de cosmographie, sui- « vant laquelle il faisait et fait encore le monde *carré.* »

Ce doit être sa passion pour le nombre 4, puisqu'il est question d'un carré.

13me volume, page 274. « Yao chargea les 8 yuen de

« promulguer partout les cinq sortes de doctrines. »

Page 351. « Le Tchou-ly pose en fait que, dans le « Y-tche-ou, il naissait 5 garçons contre 3 filles, dans le « Tcho-ly, 5 filles contre 3 garçons. »

Il me paraît qu'ici le 5 est mis pour 4. La disproportion est déjà assez forte entre 4 et 3.

7me volume. « Un jin est la mesure de 8 pieds chi« nois. »

A l'appui que l'on a changé le nombre 8 en 10 et par suite leurs composés, je citerai :

1er volume, page 82. « Le Sée-ki de notre Tite-Live « est divisé en 130 livres. Le 1er commence à Hoang-ti, « et finit à yu; *le* 2me etc.; *le* 3me etc.; *le* 4me etc.; *les* « 6 *suivants* etc.

Ceci fait en tout 10 *livres*, cependant il est mis, *ces* 12 *livres* sont nommés pen-ki, on aura traduit 8 plus 2, par 10 plus 2, 12.

Page 179, il est mis qu'il y a 5 espèces d'exils, puis *on nomme 4 personnes* envoyées dans 4 lieux différents, ce qui doit faire présumer qu'il n'y avait que 4 espèces d'exils. On aura traduit 4 par 5.

Description de la Chine, par Duhalde, Préface.

Page 6. « Certains livres contiennent l'histoire de « chaque ville et de son district; on trouve dans ces « villes les distances où ces villes sont les unes des « autres; ces distances se marquent par lis ou stades : « mais ces lis ont plus ou moins d'étendue dans les « diverses provinces. Dans la province du Chang-tong, « *dix* lis n'en font que *huit* à leur compte. »

Ceci encore à l'appui d'une ancienne numération par 8.

3me volume des *Mémoires sur les Chinois*, page 135.

« Léang-ou-ti, empereur (mort en 549 après J. C.).

« On ajoute qu'il avait l'éclat du soleil dans ses yeux, « et la majesté du dragon sur son visage; que sur sa « langue était empreinte *la lettre pa*, qui signifie *huit*, « et que sur sa main on voyait distinctement les deux « caractères ou-ty. »

Ceci paraît vouloir dire que le nombre huit est celui par excellence, soit une période.

12me volume des *Mémoires sur les Chinois.*

Page 434. « Suivant le cérémonial, lorsque le fils « du ciel offre solennellement aux empereurs morts, « on expose 16 plats. »

Page 435. « Usage ancien de 8 *rangs* de danseurs. »

Le jeu d'échecs composé de 64 cases remonte aux temps anciens, dans la Chine, soit au temps de l'empereur Yao (2287 ans avant l'ère chrétienne).

Astronomie moderne de Bailly, 1er volume.

Page 521. « A la Chine, les mesures paraissent assez « différentes de celles qui viennent de nous occuper; « cependant la division par *doigts* s'y trouve, et nous « y avons remarqué quelques *singularités* que nous « nous permettons de rapporter, sans en tirer aucune « conclusion, et sans prétendre les donner pour autre « chose que pour des singularités.

« Les Chinois ont une coudée qui était divisée *pri-* « *mitivement en* 8 *doigts*, et qui l'a été *depuis en* 10. »

Ceci est en quelque sorte une preuve que la numération par 8 existait primitivement à la Chine et que cette numération a été changée en celle par 10.

« M. Damville rapporte une comparaison de la pa- « rasange au li, qui donne 16 *lis* pour une parasange. »

Ailleurs j'ai dit que 8 lis anciens étaient égaux à 10 lis nouveaux.

Ceci établit un changement de numération de 8 en 10.

Cycle.

Voici copie de ce qui est écrit sur le cycle de 60 ans.

13e volume des *Mémoires sur les Chinois.*

Page 230. « L'invention du cycle, pour fixer les épo- « ques et mesurer le temps, est une des plus anciennes « parmi celles dont le souvenir et l'usage se sont per- « pétués chez les Chinois. Elle date du commencement « de leur monarchie. Quelques-uns en font honneur à « Fou-hi, mais le plus grand nombre l'attribue à Hoang- « ti. Hoang-ti, dit l'histoire, ordonna à Ta-mao d'exa- « miner avec soin les 5 éléments et les 7 étoiles, et de « composer le cycle. Le cycle est composé de deux « rangs ou ordres de caractères, dont l'un est de dix

« et l'autre de douze. Les dix sont appelés kan ou « troncs, et les douze portent le nom de tché ou de « branches. C'est en joignant de suite les uns aux au- « tres, jusqu'à ce que le premier des kans et le premier « des tché reviennent pour être joints ensemble, que se « forme le nombre des soixante, qui est celui du cycle. « Ainsi les dix kan sont chacun réunis six fois à quel- « qu'un des tché, et chaque tché est réuni cinq fois à « quelqu'un des kan. Un coup d'œil sur le cycle même « en fera voir tout l'artifice.

« On applique l'usage de ce cycle aux jours, aux lu- « naisons et aux années. On se sert aussi des 12 *tché* « pour mesurer *les heures*, à chacune desquelles on « donne le nom d'un tché. On voit par là, que les heures « chinoises en contiennent deux des nôtres. »

Il faut remarquer qu'on ne dit pas que l'usage du cycle de 60 était appliqué aux heures, on voit au contraire qu'il est mis qu'on se servait des 12 *tché* pour mesurer les heures. Ceci est à l'appui d'un cycle de 48 dans l'origine, ou 2 fois 48. En changeant la série dix en celle d'origine 8, on a 8 fois 12, formant 96, soit 96 petites années, ou 48 grandes années.

Pourquoi 10 troncs et 12 branches pour former 60? Il ne fallait que 5 troncs et 12 branches, ou 6 troncs et 10 branches; mais puisque l'on a mis 10 troncs et 12 branches, ce doit avoir été pour former 120, soit 120 demi-années, soit 10 fois 12 succédant à 8 fois 12.

	Les 10 kan ou troncs.	Les 12 tché ou branches.
«	1 kia	1 tsée
«	2 y	2 chou
«	3 ping	3 yn
«	4 ting	4 mao
«	5 ou	5 tchen
«	6 ki	6 sée
«	7 keng	7 ou
«	8 sin	8 ouei
«	9 jen	9 chen
«	10 keni	10 yeou
«		11 hu
«		12 hai

« Ce cycle répété 3 fois, fait une période de 180 ans, « qui est dénommée tricycle. »

On ne connaît pas l'origine du cycle de 60. Ce cycle me paraît être la suite du cycle de 64, soit des koua.

Le mot cycle veut dire une période; anciennement on comptait par périodes de 8 nombres; c'était déjà un petit cycle.

Ce petit cycle a formé la période de 8 jours, la semaine; en la multipliant par 3, le nombre sacré de ces temps anciens, on a eu un petit cycle de 24 jours, cela a formé le mois. De 8 fois 8 nombres, ou de 8 périodes de 8, on a ensuite formé le cycle de 64, le cent ancien, comme l'indiquent les koua. Ce cycle multiplié par 3 a formé le tricycle 192 (correspondant à 300, système par 8). Ce nombre 192 est devenu la base du calcul pour les objets de science. On l'appliqua au jour, au mois, à l'année, aux mesures, etc. On voit aussi apparaître une double année, ou grande année de deux fois 192, soit 384 jours, 48 semaines de 8 jours, 600 jours, système par 8, nombre qui s'est trouvé être égal à 13 lunaisons. Le nombre 192 (3 cents anciens) a donné par la division naturelle de 1/2, 1/4, 1/8, 1/16, etc., les nombres 96, 48, 24, 12, 6, 3. Cette division naturelle a eu l'avantage de rencontrer le petit tricycle au nombre 24, *huitième* de 192, et d'arriver au nombre sacré 3, huitième de 24.

Article à l'appui du cycle de 48.

Traité de l'Astronomie chinoise, par le P. Gaubil.

Page 91. « Y-hang, pour faire voir qu'il était versé « dans la lecture de *l'y-king*, parle du cycle de 60, sous « le nom de leou-hyao ou 6 *hyao*. Hyao exprime les 6 « lignes de *chaque koua*, bien entendu *qu'il faut supposer* « que 6 est multiplié par 10. *Le mois* synodique est ex- « primé par le caractère *tsé*, etc.

« Le caractère usuel de Tsieki, qui exprime une 24e « partie de l'année solaire, est entendu de trop de per- « sonnes. Y-hang lui donne un air de mystère en l'ex- « primant par les deux caractères san-yuen, 3 prin- « cipes.

« Il n'est rien de plus facile que de reconnaître que

« 72 heou sont les principes du calcul, or chaque « tsieki a 3 heou. »

Puisque les 6 lignes de chaque koua sont supposées multipliées par un nombre pour former un cycle, ce ne doit pas être par le nombre 10, mais par le nombre 8, puisqu'il y a 8 koua formant 48, soit sans doute l'ancien cycle chinois de 48, puisqu'il est question des 8 koua.

Il est mis que *le mois* synodique est exprimé par le caractère usuel *tsé*. Le mot tsé est en rapport avec le mot tsieki, et le tsieki étant de 24 jours, c'est que le tsieki était un mois de 24 jours.

Le mot solaire est un mot ajouté par le commentateur qui, calculant sur une année de 360 jours, a pensé qu'un tsieki mentionné pour la 24e partie d'une année, devait être de 15 jours, puis, ayant fait le tsieki de 15 jours, composé de 3 principes, il a dû en tirer la conséquence qu'un heou était de 5 jours.

Autre citation à l'appui du cycle de 48.

Page 51. « C'est du temps du R. P. Adam Schall « que les Chinois *consentirent* à diviser le cercle en 360 « degrés. Ils consentirent en même temps à diviser « chaque jour en 24 heures, chaque heure en 60 mi- « nutes et chaque minute en 60 secondes etc. et tout le « jour en 96 ke et chaque ke en 15 minutes.

Remarque du P. Gaubil.

« La division du jour en ke est connue depuis long- « temps à la Chine, l'astronomie des yuen en parle. »

On voit ici que le jour était divisé en 96 ke, soit en 12 fois 8 ke. Les caractères du cycle de 60 sont maintenant 12 et 10, parce qu'on a changé le nombre 8 en celui 10. Si le cycle dans l'origine n'avait pas été de 96 réduit à 48, soit formé de 8 et 12 nombres, on n'aurait pas formé le cycle de 60 avec 10 et 12 nombres, ces nombres devant former 120. Ceci est bien remarquable à l'appui que, dans l'origine, c'était 8 et 12.

Il est question de 96 ke pour un jour. Je vais continuer de citer l'article où il est question de cent ke, pour répondre ensuite à ces deux points.

Page 52. « Outre la division du jour *civil* en 100 ke,

« les Chinois ont eu d'autres divisions du jour, mais « elles n'ont été que pour les calculs astronomiques. » Note du P. Gaubil.

« Le jour et la nuit ont 12 heures, qui faisaient *autre-* « *fois* 100 *ke*. Ainsi chaque heure avait 8 ke et quelques « minutes, chaque ke avait 100 minutes, chaque minute « 100 secondes. »

Le premier article donne la division du jour en 96 ke, soit en 2 fois 48. Ceci en faveur du cycle de 48, employé par les savants, mais, pour l'usage vulgaire, il y avait primitivement le cycle ou le cent de 64. Il est mis : *autrefois* 100 ke; il faut entendre par autrefois, le temps ancien où l'on comptait par 8, soit 64 pour un cent.

Ainsi où il est mis la division du jour *civil* en 100 ke, c'est cent ke, système par 8, ou 64 ke, et alors le jour était divisé en 8 parties, et chacune de ces parties en 8 autres, ce qui fait au total les 64 ke, appelés cent ke.

Qu'on le remarque bien, la division en cent ke est indiquée ici pour l'usage civil. Ce serait l'opposé qui aurait pu avoir lieu. Ce n'aurait pu être que pour l'usage astronomique qu'on aurait pu diviser le jour et les heures en 100 parties, système par 10, si les savants n'avaient pas eu déjà inventé le cycle de 96 ou 48. Mais, pour l'usage civil, il fallait que la division fût en cent parties, système par 8, soit le jour en 8 parties, et chaque partie encore en 8 parties, soit le jour en 64 parties. En preuve j'ajouterai que 100, système par 10, n'est pas divisible par 8 ni par 12.

2e volume, *Histoire abrégée de l'Astronomie.*

« La révolution de la lune se fait en 29 jours 32 ke. »

La révolution de la lune étant connue pour être de 29 jours 1/2, les 32 ke sont un 1/2 cent de 64, soit un demi-jour. Si c'était 32 ke dont 96 pour un jour, cela ne ferait pour la révolution de la lune que 29 jours un tiers, et si c'était 32 ke, dont 100 pour un jour, cela réduirait encore le temps de cette révolution. Ainsi donc les 32 ke sont mis ici pour un demi-cent de 64, soit pour un demi-jour.

Le Chou-king, page 350.

« Les anciens Chinois portaient le deuil de leur père

« et de leur mère, et les femmes de leur mari pendant « *trois années entières*. Mais présentement on l'a réduit « en 24 mois, qui se partagent *en* 3, *c'est-à-dire* 8 *pour* « *chaque année*. »

Cet article est fortement en faveur de l'ancienne année de 8 *mois*. L'usage n'a pas changé pour le nombre de mois, 3 fois 8 mois ou 24 mois pour les 3 années primitives.

13e volume.

« Les 24 flocons représentent les 24 tsée-ki dont une « année est composée. »

Soit 24 fois 8 jours formant 192 jours, dont on faisait une année d'abord (2619 ans avant J.-C.).

Chronologie, par Fréret, 14e volume, page 15.

« Les astronomes du temps des Hane disent que la « lune intercalaire était *toujours la neuvième* de l'année « civile. »

Ceci indique que l'année était dans l'origine de 8 mois, et j'ajoute que ces mois étaient de 24 jours, soit au total 192 jours.

Voici quelques citations, tirées du livre des Mœurs des Bramines, en rapport avec la numération par huit.

Page 98. « Les Bramines ont des chapelets comme « les Chinois; chaque fois qu'ils ont fini une prière, ils « laissent tomber une petite clochette, ou une petite « boule; ceux qui ont beaucoup à faire diront 28 fois « leurs prières accoutumées, selon le nombre des pe- « tites boulettes qui sont à leur ceinture, et ceux qui « ont moins à faire, répéteront ladite prière 128 fois; « et ceux qui n'ont rien à faire, 1000 fois. »

Ce nombre 28 doit avoir été mis pour 24, 2 fois 8 plus 8. Le nombre 128 est deux fois 64 ou deux cents. Le nombre mille est 8 fois 64. Le nombre 24 va revenir dans les citations suivantes :

Page 100. « Ils prient avant et après avoir mangé. « Ils nomment les 24 noms de Dieu et touchent les 24 « parties de leur corps.

« Le matin, le midi et le soir, quand ils ont nommé « les 24 noms de Dieu etc. »

Page 148. « Dervendre est le chef de tous les chefs

« des 8 mondes. Puis viennent les noms de ces 8 mon-« des, qui sont sur la route des 8 vents (Aristote a « aussi établi 8 mondes). »

Page 182. « Ils feignent aussi que la terre enferme « en soi sept mondes, et qu'il y a une mer entre chaque « monde. »

(Ce qui fait au total 8 mondes avec la terre.)

Page 211, on parle de droits à payer sur les marchandises, il est mis : « puis 3 huitièmes parties d'un « fanum, puis 3 quatrièmes parties, une seizième partie « d'un fanum, 7 *trente-deuxièmes parties.* »

Page 230. « Le 8, après la pleine lune etc. »

Page 231. « Le jour des noces de cette sœur, on se « réjouit fort; mais lorsqu'ils étaient au milieu des plai-« sirs, il serait venu un akasarvani, qui aurait dit à « Hampsa, pourquoi témoignes-tu tant d'allégresse, *le « huitième* enfant qu'elle enfantera sera ta perte ou ta « ruine. »

Page 236. « Ils disent que, dans le troisième siècle, il « y avait eu dans le monde un certain Raetsjasja, qui « avait vaincu tout le monde et avait pris 16,000 pucel-« les prisonnières. »

Page 356. « Les Brachmanes ont aussi fait 8 éléphants « pour porter la terre. »

Page 367. « Isma, le dieu des Bramines a divisé la « terre comme aussi le firmament, étant en 8 parties « égales, selon la mesure des 8 cieux qu'il faisait. »

Page 42. « Les Bramines étaient eux et leurs enfants « souillés 10 jours de suite; après leur naissance, aucun « étranger ou parent de loin n'entrera dans la maison « pendant les 10 jours : et quand lesdits jours sont pas-« sés, ils purifient toute la maison le dixième jour. »

Je pense qu'on a mal traduit, que c'est le huitième jour et non le dixième. Dans la Bible, c'est le huitième jour.

Mémoires de l'Académie, 15e volume, page 530.

« Ssé-ma-tsiéné nous apprend que le chou-king de « Confucius était divisé en 100 chapitres, extraits d'une « collection immense distribuée en *trois mille trois cent « trente chapitres.* »

Il est mis ensuite, que ce livre, ayant disparu, fut retrouvé sous l'empereur Tching-ti, qui régna depuis l'an 31 jusqu'à l'an 6 avant J.-C., mais qu'on ne pût déchiffrer que 58 chapitres.

Ceci me fait douter si les 100 chapitres mentionnés par Ssé-ma-tsiéné n'étaient pas un cent de 64. 64 chapitres multipliés par 24 (correspondant à 30, système par 8) donnent 1536, nombre égal à 3000, système par 8.

13e volume des *Mémoires sur les Chinois*, page 185.

« Après le règne des 3 Hoang, vint celui des 5 Loung.
« Ils étaient frères.

« Les 59 Ché-ty succédèrent aux 5 Loung. Au lieu de
« 59, quelques-uns comptent jusqu'à 64 Ché-ty. »

Les 64 Ché-ty sont les 64 nombres, les 64 combinaisons des koua. On dit des Ché-ty, qu'ils connaissaient tout ce qui peut résulter des différentes combinaisons des principes entre eux; ceci s'applique bien à des nombres.

Il est remarquable que *Ché* (du mot Ché-ty) veut dire maintenant dix, que l'on dit ché-ouan pour exprimer dix fois dix mille, soit cent mille. Comme 64 est le produit d'une numération de 8 fois 8, 64 était le cent autrefois, et le mot ché du mot ché-ty, appliqué au nombre 64, doit vouloir dire 8 fois une huitaine. Si aujourd'hui on reprenait la numération par 8, on devrait dire dix pour huit, et cent pour soixante-quatre.

Page 599. « Selon le P. Martini et le P. Noël, la
« mesure itinéraire ou le li le plus généralement em-
« ployé par les Chinois est contenu 90,000 fois dans la
« circonférence de la terre. »

Le nombre 90,000 est un nombre astrologique, les Chinois, dans les temps anciens, faisaient la Chine carrée, la terre carrée; le nombre 90,000 vient de 3 fois 3, des figures carrées, le Ho-tou et le Lo-chou.

Page 599. *Mesures chinoises.*

« Thsan égale 8 pous ou 80 lis. »

Lorsque 8 lis anciens égalaient 10 lis nouveaux, comme on l'a vu précédemment, 8 pous égalaient 64 lis ou un cent ancien.

Voici un article confirmatif, donnant même *une date* du changement de 8 en 10.

Page 600. « Ce système métrique paraît avoir été in-
« troduit dans la Chine par l'empereur Von-Wang, de
« la dynastie des Tcheou. Ce souverain a commencé à
« régner l'an 1122 avant l'ère chrétienne. *Antérieure-*
« *ment à cette époque*, les mesures chinoises étaient
« d'un quart plus grandes et il fallait ensuite 125 lis
« nouveaux pour représenter 100 lis anciens. » (C'est comme si l'on disait que 10 lis nouveaux sont égaux à 8 lis anciens).

Fréret, *Chronologie*, tome 11, page 220.

« On a prétendu que l'usage de l'année julienne était
« antérieur en Egypte au temps de Jules César. Il est
« vrai que les astronomes égyptiens ont connu de très-
« bonne heure que la révolution solaire était de plus de
« 365 jours, et que, pour avoir le moins de fractions
« possible, ils en ont fait la durée de 365 jours 6 heures.
« Cette connaissance n'était pas particulière aux Egyp-
« tiens; l'ordonnance d'Yao, conservée dans le Chou-
« king de Confucius, établit la même durée et parle, de
« plus, d'une année de 366 jours, qui revenait tous les
« quatre ans; mais cette année était celle des astrono-
« mes, et elle servait à régler les années civiles, com-
« posées de lunaisons, et qui avaient tantôt 12 mois, et
« tantôt 13. La même chose avait lieu dans la Grèce, où
« *l'octaétéride* qui était *le plus ancien* des cycles, et *le*
« *seul* qui fut suivi dans l'usage civil, supposait que 99
« lunaisons étaient égales à 2922 jours. Nous avons
« trouvé que les Mexicains et les Péruviens avaient une
« semblable opinion sur la durée de l'année solaire; et
« il serait difficile qu'elle ne fut pas l'opinion générale de
« tous ceux qui ont examiné la durée de l'année, puis-
« que le mouvement vrai du soleil ne surpasse les 4 ré-
« volutions, en 4 ans juliens, que d'une minute cinquante
« secondes, erreur qui ne peut être aperçue que par le
« secours des meilleurs instruments et même par des
« astronomes exercés à observer. »

Je pense que c'est une coïncidence fortuite, et que l'octaétéride ou le cycle de 8 ans, chez les Grecs et chez tous les peuples de l'antiquité, était d'abord composé de 8 ans, de 8 mois, de 24 jours, ou de trois périodes de 8 jours;

et pour *la concordance avec les lunes*, je réclamerai la préférence pour ce cycle, puisqu'il approche encore plus près de l'exactitude.

En prenant pour base les temps des révolutions,

8 ans de 365 jours, 256 font	2922 jours	,048
99 lunaisons de 29 jours, 53 font	2923	,470
Différence	1	,422

Suivant mon année de 192 jours (ou 300, système par 8),

8 ans de 192 jours font	1536 jours	
52 lunaisons de 29 jours, 53 font	1535	,56
Différence	0	,44

Ainsi le cycle de 52 lunaisons pour 8 années de 192 jours serait bien plus concordant que celui de 99 lunaisons pour 8 années de 365 jours, 256.

On peut réduire les 8 années de 192 jours en 4 grandes années de 384 jours, correspondant à 600 jours, calcul par 8. Si je me règle sur l'année de 288 jours, j'ai pour l'octaétéride précisément le nombre 2304. 36 cents de 64 ou 3600 jours. 78 lunaisons de 29 jours, 53 me donnent 2303 jours 34 centièmes, différence 66 centièmes de jour.

Une coïncidence singulière avec le cycle de Méton de 19 ans (nombre d'or), c'est que précisément 19 années de 384 jours font 7296 jours, soit 20 années solaires de 364 jours 8 dixièmes, et 19 années de 288 jours font 5472 jours, soit 15 années solaires de 364 jours 8 dixièmes.

Les Chinois avaient dans l'antiquité un cycle de 19 ans, que l'on donne comme un cycle solaire, c'est possible, mais ce pourrait être un cycle de 19 années de 384 jours (années de 13 lunaisons) égalant 20 années solaires de 364 jours 8 dixièmes.

Les auteurs croient que l'année de 366 jours, qui a lieu maintenant tous les quatre ans, était connue en Chine dans les temps très-anciens, soit environ 2000 ans avant l'ère chrétienne.

Ils croient que cette année était connue aussi très-anciennement en Egypte.

Je ne le pense pas. Les raisons d'ailleurs, sur lesquelles on s'appuie, sont erronées.

Je vais transcrire la traduction du Chou-king.

« Astronomie qui se trouve dans le Chou-king.

Page 364. « Le premier chapitre du Chou-king porte « le titre de Yao-tien, c'est-à-dire livre qui parle de ce « qu'a fait l'empereur Yao. C'est un ouvrage composé « du *temps même* de ce prince, ou du moins il est d'un « temps qui n'en est point éloigné, comme l'assurent « généralement les auteurs chinois.

« Dans ce chapitre, Yao apprend à ses astronomes « Hi et Ho, la manière de reconnaître les 4 *saisons* de « l'année. Voici ce que dit ce prince : il mérite d'être re- « marqué.

« 1° Yao veut que Hi et Ho calculent et observent les « lieux et les mouvements du soleil, de la lune et des as- « tres, et qu'ensuite ils apprennent aux peuples ce qui « regarde les saisons.

« 2° Selon Yao, l'égalité du jour et de la nuit et l'astre « Niao font déterminer l'équinoxe du printemps. L'éga- « lité du jour et de la nuit et l'astre kin marquent l'équi- « noxe d'automne.

« Le jour le plus long et l'astre Ho sont la marque du « solstice d'été. Le jour le plus court et l'astre Nao font « reconnaître le solstice d'hiver.

« 3° Yao apprend à Hi et à Ho que le ki est de 366 « *jours*, et que, pour déterminer l'année et ses 4 *saisons*, « il faut employer *la lune intercalaire*. Voilà les trois « articles qui, dans le Yao-tien, ont du rapport à l'as- « tronomie. Le premier article nous apprend certaine- « ment que, dès le temps d'Yao, il y avait des mathé- « maticiens nommés par l'empereur, pour mettre par « écrit un calendrier qu'on devait distribuer au peuple.

« Le second article fait voir qu'on savait reconnaître « les deux équinoxes et les deux solstices par la gran- « deur des jours et des nuits, et ce n'est pas une petite « gloire pour les Chinois d'avoir, dès ce temps-là, su « profiter du mouvement des étoiles, pour en comparer « les lieux avec celui du soleil dans les 4 *saisons*.

« Le troisième article démontre que, du temps d'Yao, « on connaissait une année de 366 jours, c'est-à-dire, « qu'on connaissait l'année de 365 *jours et 6 heures*, et

« on savait qu'au bout de 4 ans l'année avait 366 jours.
« Yao voulut pourtant qu'on employât *l'année lunaire*,
« et qu'afin que tout fût exact, on se servit *de l'interca-*
« *lation.*

« Je n'ai garde de parler ici de ce que disent les inter-
« prètes qui, du temps de Han et dans la suite, ont dé-
« bité leur doctrine sur l'intercalation, sur l'ombre du
« gnomon, aux différentes saisons, et sur les mois lu-
« naires; on cherche l'astronomie d'Yao et non celle
« des siècles postérieurs; je ne puis cependant me dis-
« penser de rapporter ce qu'on a dit au temps des Han,
« sur les 4 étoiles qui répondent *aux 4 saisons*; ce qu'ils
« écrivent à ce sujet est sûrement antérieur à leur temps,
« comme il sera facile de le démontrer. »

Il faut distinguer dans cette citation, ce qui est la traduction du Chou-king de ce qui est le commentaire du traducteur.

Quoi que les traducteurs aient défiguré les livres anciens, suivant les connaissances acquises au moment de la traduction, il est quelquefois facile, par certains passages, de découvrir les erreurs.

J'ai dit qu'on comptait par séries de 8 nombres, que les 4 ont été traduits par 5, par conséquent les 4 plus 1 ont été traduits par 5 plus 1, soit par 6. Les deux 6 du nombre 366 sont deux 5. Le nombre 366 est donc mis en place de 355, nombre de jours de l'année de 12 lunaisons. Il est bien fait mention que, pour déterminer l'année et ses 4 saisons, *il faut employer la lune intercalaire*, et, avec les années de 355 jours, *il faut absolument employer la lune intercalaire*, soit 2 années de 12 lunaisons de 355 jours et une année de 13 lunaisons de 384 jours, ensemble 1094 jours, dont le tiers forme une année de 364 jours 2 tiers.

On ne peut pas dire qu'avec l'année de 366 jours il faut employer la lune intercalaire, donc 366 jours est mis suivant un texte altéré, donc cette année n'était pas connue.

Le désir de découvrir des choses connues dans les anciens textes a fait commettre bien des erreurs. Ces erreurs passent ensuite pour des vérités, parce qu'elles ont été mises en avant par des savants. Ce qu'on voit répété dans cet article, ce sont les 4 saisons; ailleurs on met 5 saisons, et, pour en avoir 5, on met une saison du milieu : c'est parce qu'on a cru voir 5 saisons qu'on a ajouté la saison du milieu qui n'a pas existé; et ce changement de 4 saisons en 5 saisons vient à l'appui qu'on a changé 355 jours en 366 jours. Ici, comme on avait les noms des 4 étoiles pour les 4 saisons, on n'a pas pu changer 4 en 5.

Autre traduction du *Chou-king*, tirée du premier volume des *Mémoires sur les Chinois* (sur l'année de 366 jours).

Page 230. « Comme cette matière (l'astronomie) a « été discutée par les astronomes, nous nous bornerons « à un simple exposé de ce qu'on trouve dans les « premiers chapitres du *Chou-king*. Le lecteur peut-« être tranquille sur *l'exactitude* et la fidélité de notre « traduction, dussions-nous faire des phrases louches, « nous nous tiendrons *collés au texte par le mot à mot* « *le plus strict;* ainsi il (Yao) donna ses ordres à Hi « et à Ho. Le Tien suprême a droit à nos adorations et « hommages; faites le calendrier du soleil, de la lune, « des constellations et des étoiles. Nous ordonnons « à Hi-tchong de demeurer à Ya-y, d'y observer avec « soin le lever du soleil, d'égaliser et de graduer son « mouvement à l'orient, les jours mitoyens et les « constellations. Niao désigne le milieu du printemps : « le peuple se disperse alors, les animaux et les oi-« seaux subissent le joug de l'amour. Nous ordonnons « à Hi-chou de demeurer à Nan-kiao, d'y égaliser et « graduer les variétés du midi pour la solennité du « solstice. Les plus longs jours et la constellation Ho « fixent le milieu précis de l'été. Le peuple cherche « l'ombre, les oiseaux ont moins de plumes et les « animaux un poil plus court. Nous ordonnons à Ho-« tchong de demeurer à l'occident, au lieu nommé « Mei-kou, d'y observer exactement le coucher du « soleil, d'égaliser et de graduer son mouvement à « l'occident. Le raccourcissement du jour, la constel-« lation Hia fixent le milieu de l'automne. Le peuple

« respire alors, les oiseaux poussent de nouvelles plumes « et les animaux se couvrent d'un poil plus fourni. « Nous ordonnons à Ho-chon de demeurer à Lou-fang, « d'y égaliser et déterminer le dernier période des « changements de l'année. La brièveté des jours, la « constellation Man déterminent le milieu de l'hiver; le « peuple se ferme alors dans les maisons, les animaux, « les oiseaux sont bien munis contre le froid. L'empe- « reur dit : Hi et Ho *l'année solaire est de* 366 *jours.* « Ayez égard *à la lune intercalaire* pour déterminer les « 4 saisons et l'année civile; les différents travaux « seront dirigés et réglés par là, et les fruits qu'en reti- « rera l'État plus abondants. »

Pourquoi Yao aurait-il dit l'année solaire est de 366 jours pour exprimer qu'elle serait de 365 jours, 6 heures? Donc il n'a pas dit que l'année était de 366 jours, et, s'il l'avait dit, on ne pourrait pas en conclure qu'il a connu l'année de 365 jours 6 heures, le mot solaire est un mot ajouté par le commentateur. Dans la première *traduction* que j'ai citée, il n'est pas mis année solaire. Pourquoi Yao aurait-il dit : Ayez égard à la lune *intercalaire* pour déterminer les 4 saisons, si la lune intercalaire ne venait pas rétablir, suivant les années solaires, l'année dont il fait mention, soit l'année de 355 jours et non l'année de 366 jours.

Année de 366 *jours en Egypte.*

On suppose aussi que l'année de 365 jours 1/4 était connue très-anciennement en Egypte et on invoque à l'appui un hiéroglyphe du recueil d'Horapollon, pour lequel le *quart d'aroure* représente l'année. Les commentateurs ont voulu y voir que cet hiéroglyphe signifiait qu'à l'année de 365 jours on intercalait un jour tous les 4 ans. Mais cet hiéroglyphe ne signifie qu'une chose, c'est que le quart de la mesure l'aroure était égal en Egypte à une année. J'ai fait l'aroure de 2304 ou de la moitié de ce nombre, soit 1152 parties, ce qui fait pour le quart du dernier nombre 288 jours ou une année de 12 mois de 24 jours. Pour que l'année de

365 jours 1/4 soit un quart d'aroure, il faudrait que l'aroure fût un nombre de 1461, ce qui ne peut pas être, ce nombre n'étant divisible que par 3.

Le *Chou-king* est rempli de passages où l'on voit par le sens des articles que le nombre 4 a été changé en celui 5.

Océanie, page 6.

« *Les Mariannais*, à la manière des Chinois, comp-
« taient *autrefois* les grandes divisions du temps par
« jours (haani), par lunaisons ou mois (poulan), et par
« années (sakkan). Il est probable qu'ils donnaient
« aussi des noms aux premiers, ainsi que les Carolinois
« de Lamoursek le font encore. Mais ces noms sont
« maintenant tout-à-fait inconnus. A l'égard des années,
« elles se composaient de 13 *lunaisons*. Les Espagnols, à
« leur arrivée, ont cherché à assimiler les noms de ces
« périodes à ceux des mois de notre calendrier, *corres-*
« *pondance* qui est à la rigueur *impossible*. »

Cette citation est bien précieuse en faveur du calcul par 8. Les Mariannais sont un peuple dans un groupe d'îles isolé qui avait conservé l'ancienne méthode pour l'année, soit 48 périodes de 8 jours, faisant 384 jours, 600 jours système par 8, 2 fois 192 jours. Ces 384 jours font bien 13 lunaisons à très peu près, mais *c'est une concordance fortuite*. On n'a pas fait les années de 13 lunaisons, puisque 13 lunaisons ne font point une année solaire, mais on a fait une année de 48 périodes de 8 jours, ou 2 fois 24 périodes de 8 jours, et ces 48 périodes se sont retrouvées égales en temps à 13 lunaisons. Voilà pourquoi on a supposé ensuite l'année de 13 lunaisons. Ce qui peut avoir contribué à faire cette supposition, c'est que, toutes les 3mes années, certains peuples ont fait une année de 13 lunaisons pour ramener leurs années avec le cours du soleil. Ceci doit-être pris sérieusement en considération en faveur des anciennes années de 192 ou 384 jours, car on n'a pas pu inventer des années consécutives de 13 lunaisons qui ne reposeraient sur aucune base, tandis qu'on a pu faire des années composées d'un certain nombre de périodes de 8 jours, soit de 3 cycles ou de 6 cycles de 64 jours. Puis les années de 48 semaines de 8 jours, étant composées de 2 demi-années ou petites années de 192 jours, ces petites années auraient été de 6 lunaisons 1/2; puis il y a eu des années de 36 semaines de 8 jours faisant 288 jours, qui ne font également aucun nombre entier de lunaisons; ce qui établit bien que les années de 24 semaines de 8 jours, 192 jours; de 36 semaines de 8 jours, 288 jours; de 48 semaines de 8 jours, 384 jours, n'avaient aucun rapport aux lunaisons.

Voici une citation en rapport avec cet article: on verra que dans le royaume de Tchang-Tcheng, voisin des îles Mariannes, au sud-est de la Chine, les années étaient aussi composées d'un certain nombre de lunaisons.

14me volume des *Mémoires sur les Chinois*, page 46.

Royaume de Tchang-Tcheng. Peuple à demi-sauvage.

« Ceux de Tchang-Tcheng ont une manière de diviser « le temps toute différente de la nôtre; ils partagent le « jour en cinquante parties égales qu'ils appellent « *quarts d'heure*, et la nuit en cinquante autres parties « égales qu'ils appellent aussi *quarts d'heure*. Ils ne sa- « vent ce que c'est qu'intercaler, et leurs années sont « *toutes composées d'un même nombre de lunaisons.* »

Des années composées *toujours* d'un même nombre de lunaisons ne peuvent être que des années de 384 jours composées de 13 lunaisons. Ces peuples à demi-sauvages, et en quelque sorte isolés, ont dû conserver plus longtemps l'ancienne tradition de 48 semaines de 8 jours.

On voit qu'ils séparent le jour en deux parties. Ce ne doit pas être en deux parties de cinquante quarts, puisque cinquante quarts ne donnent pas un nombre entier, ce doit être en 48 parties, et alors c'est 48 quarts d'heure égaux aux nôtres. Ce pourrait-être en 32 parties, un demi-cent de 64. Le jour entier aurait été divisé en 64 parties, le cent ancien.

13me volume des *Mémoires sur les Chinois*.

« Temps fabuleux avant Fou-hi.

« Avant le Tien-ho-ang, le nom d'année était inconnu. « Ce sont eux qui déterminèrent le nombre des jours « qui devaient la composer. Ils furent 13 de mêmes « noms, *ils étaient frères*. »

Océanie. Iles Sandwick.

Je cite de préférence les usages des îles, parce que ce doit être principalement dans les îles qu'on doit retrouver l'origine des anciennes coutumes, parce qu'elles peuvent avoir été privées de communication et avoir conservé les mêmes usages.

Chanson :

« Mon ami, dans les 8 mois. »

Autre chanson :

« La terre de Toua-chou était solitaire.
« L'oiseau se perchait sur les rocs d'Ohara-hara.
« Durant 8 *mois*, durant 8 *jours*,
« Ceux qui cultivent furent essoufflés. »

Pourquoi cette chanson dirait-elle pendant 8 mois, pendant 8 jours, si 8 mois n'étaient une année ; 8 jours, une période, une semaine de 8 jours.

J'ai établi, que l'année ancienne, chez les Hébreux, chez les Egyptiens, était de 288 jours, je vais établir qu'en Chine l'année a été aussi de 288 jours.

Traité de l'Astronomie chinoise, par le P. Gaubil, 3me volume, page 28.

« Section du chapitre Yne-lin, dit Li-ki :

« Tous les 72 jours on honore Hoang-ti, désigné par « la terre. Cette cérémonie se fait à *la* 3me *lune*, à la 6me, « à la 9me et à la 12me. »

Il est bien sensible que l'on a traduit le mot mois par celui lune, car cette cérémonie se faisant tous les 72 jours, elle ne peut pas se faire à la 3me, à la 6me, à la 9me et à la 12me lune, mais au 3me, au 6me, au 9me et au 12me mois, et, pour avoir 3 mois dans 72 jours, il faut bien que les mois aient été de 24 jours comme j'ai établi qu'ils étaient ; 4 fois 72 jours font 288 jours, soit les 12 mois de l'année de 24 jours, comme les Hébreux et les Egyptiens.

Quelques commentateurs voyant des périodes de 72 jours ont supposé 5 saisons dans l'année : ils ont mis la 5me saison ajoutée entre les deux premières et les deux dernières, mais ils n'ont pas donné de noms à cette 5me partie ; 5 fois 72 jours donnant 360 jours, ils y ont vu une année. Le P. Gaubil dit que les années de 360 jours n'ont jamais été en usage à la Chine. On sait que les années chinoises nouvelles sont de 12 et 13 lunaisons.

Traité touchant la certitude de la Chronologie chinoise, par Fréret, tome 4, page 220.

Fréret parle du calendrier qui a pour titre Hia-fiao-tching et qu'on prétend être du temps même de Yu, c'est-à-dire de l'an 2049 avant J.-C.; on donne le détail de 8 lunes, on dit qu'il en manque 4.

Je cite ceci parce que ce calendrier était de 8 mois, soit une année d'alors, dont on aura fait une année de 12 lunaisons. Il manque la 2me, la 9me, la 11me et la 12me; la 5me étant mise pour la 4me, il doit manquer un nombre avant cette 5me; puis les 6me, 7me et 8me deviennent les 5me, 6me et 7me, et la 10me devient la 8me. Il manque ainsi la 9me, la 11me et la 12me, soit précisément celles indiquées et qui doivent manquer dans une année de 8 mois, quoiqu'il soit parlé des constellations, c'est une addition faite à cet ancien calendrier.

Le *Chou-king*.

Le *Chou-king*, ouvrage recueilli par Confucius, traduit et enrichi de notes par le P. Gaubil, revu et corrigé sur le texte chinois, par M. de Guignes.

Préface, page 7.

« Indépendamment du *Chou-king*, il existait ancien-
« nement un livre intitulé *San-fen* (san veut dire trois),
« qui renfermait l'*histoire des premiers temps* de l'em-
« pire, c'est-à-dire celle de *Fo-hi*, de Chin-nong et de
« Hoang-ti. Dans le premier siècle de l'ère chrétienne,
« on découvrit chez un particulier un petit ouvrage qui
« porte ce titre, mais on n'osa le regarder comme
« *l'ancien San-fen*. Cette ouvrage que nous avons à la
« *bibliothèque du roi* renferme une histoire très-abrégée
« de *Fo-hi*, de Chin-nong et de Hoang-ti, précédée de
« celle de la création du monde.

« A la tête des 3 parties du *San-fen*, on trouve un
« certain nombre de maximes concernant les devoirs
« des souverains envers leurs sujets. Cette morale, énon-
« cée en peu de mots, est *disposée* de manière qu'elle se
« rapporte en même temps aux 64 *symboles de l'Y-king*

« (les 64 houa) et aux différentes parties physiques du « monde ; ainsi la physique et la philosophie *numérique* « servent d'enveloppe à cette morale dont les maximes « *combinées* 8 *par* 8 forment le nombre 64 qui est répété « 3 *fois* dans chaque partie. Ces maximes sont, par con- « séquent, au nombre de 192. »

On voit qu'il est question ici d'un livre plus ancien encore que le *Chou-king*, qu'il y a en tête des 3 parties des maximes combinées *de* 8 *en* 8 formant 64, se rapportant aux 64 symboles de l'Y-king. Ceci indique que l'on comptait de 8 en 8 nombres, formant un cent de 64.

Il est mis que le nombre 64 est répété 3 fois dans chaque partie, ce qui forme 192.

64 est répété 3 fois, 3 est le nombre par excellence de l'antiquité, c'est pourquoi on a répété 3 fois 64. Mais 64 étant le cent ancien, cela fait 3 cents. Puis, si le nombre 64 est répété 3 fois dans chaque chapitre, comme il y a 3 chapitres, cela ne forme pas 3 cents, mais bien 9 cents de 64, ce qui fait que ce nombre 9 cents se rapporte aussi aux figures Ho-tou et Lo-chou.

Page LX. « Lopi, après le premier homme, Pouan- « kou, met les tson-sien-hoang dont il ne dit rien, en- « suite il compte deux king, savoir tien-hoang et ti- « hoang, et enfin 10 ki (1), entre lesquels il partage « toute l'histoire. »

Le dix ki sont les *huit* époques du monde comme chez les Etrusques. C'est une fausse traduction de 8 en 10, comme les dix générations de Moïse et de Bérose.

Page LXVJ. « Tien-Hoang est au-dessus de toutes « choses, etc., on lui attribue un livre en 8 chapitres ; « c'est *l'origine des lettres*. Les caractères dont se ser- « vaient les trois Hoang étaient *naturels, sans aucune* « forme déterminée. »

Je ferai remarquer qu'il est mis, en 8 chapitres, que ce

(1) « Le caractère *ki* est pris ici dans une grande étendue, pour dire une *période* entière de siècles, qui renferme plusieurs familles impériales.

livre est l'origine des lettres, que les caractères étaient naturels, sans aucune forme déterminée. On peut dire que les 8 koua, étant des lignes droites, sont des caractères naturels, sans aucune forme déterminée. Ces 8 signes ont formé d'abord la série des 8 premiers nombres, puis les 64 nombres, et ensuite ils peuvent être devenus les symboles des choses. On a pu dire que c'était l'origine des lettres. Puis, ces signes ne pouvant plus suffire à désigner les choses, on a inventé d'autres signes, soit les hiéroglyphes.

Page 353. « En combinant par 8 l'un avec l'autre chacun de ces 8 koua, il en résulte 64 figures, qui sont « les 64 koua que les Chinois regardent comme *l'origine de tous leurs caractères*, parce qu'on *ajouta* à ces « lignes droites des traits perpendiculaires et courbés « en différents sens. »

Ceci indique bien que les chiffres primitifs ont servi à former des signes représentant les objets. Puis ensuite on a formé de ces chiffres des lettres.

64 koua, multipliés par leurs six lignes, font 384, ou 600, système par 8; et si on compte les lignes brisées, composées de 2 petites lignes pour 2 lignes, cela fait 192 lignes en plus, soit 576 lignes, soit 9 fois 64, soit un mille, un cent, ou le nombre exprimé dans plusieurs ouvrages par 1080, correspondant à 9 cents, système par 8; ainsi les lignes des koua représentent aussi les 9 cents arpents de la Chine etc., les 300 ou 600 jours de l'année, système par 8.

L'Y-king. Notice par M. Visdelou.

Page 408. « L'histoire remarque *expressément*, que « les trois dynasties de Hia, de Chang et de Tcheou ont « suivi chacune une méthode *différente* pour *l'arrangement* des hexagrammes.

J'ai mis ceci pour établir que l'arrangement des koua peut avoir été perdu, soit qu'on ne savait plus que c'était un symbole de numération; puis cet arrangement indique que c'étaient des nombres.

L'Y-king, page 102. « En parlant des koua, il est mis: « Cette loi *céleste* était composée en 10 paroles, ou plutôt elle était au-dessus de toute parole. »

Dix est mis pour huit, puisqu'il n'y a que 8 koua.

Notice de l'Y king (tirée du Chou-king).

Page 415. « Il est temps de passer à la génération « des hexagrammes. La matière se divise en deux, deux « en quatre, quatre en huit, huit en seize, seize en trente- « deux, trente-deux en *soixante-quatre*; là *on s'arrête* « afin qu'il y ait seulement 64 hexagrammes, etc. »

Ceci à l'appui des 64 koua formant un cent. *Là on s'arrête.* C'est parce qu'on recommençait à compter jusqu'à cent fois cent, et on a donné un nom particulier à cette série, le nom de y ouan, (un ouan); si alors on avait compté suivant notre système par dix, on l'aurait appelé dix mille. — Cette observation peut s'appliquer aussi aux nombres grecs.

Bible et faits divers.

Je vais chercher dans la Bible des raisons à l'appui d'une ancienne numération par huit.

J'ai réduit de 20 à 16 le nombre des coudées, composant la grandeur du sanctuaire du temple de Jérusalem. Je continuerai à établir que les autres nombres doivent être changés en ceux du calcul par 8.

Les premières citations que je vais rapporter viennent à l'appui que les mois des Juifs, à l'époque que je mentionne, étaient de 24 jours.

Paralipomènes, 1re partie, chapitre 24.

« David régla l'ordre et les fonctions des prêtres.

Verset 4. « Il se trouva beaucoup plus de chefs de « famille descendus d'Eléazar que d'Ithamar, et il dis- « tribua les descendants d'Eléazar en 16 familles et « ceux d'Ithamar en 8 familles seulement.

« Il distribua encore les diverses fonctions de l'une « et de l'autre famille par le sort.

« Le premier sort échut à Joiarib, le second à Jédéi. »

On continue de citer les noms jusqu'au *vingt-quatrième*, puis il est mis:

« Voilà quel fut leur partage, selon les différentes « fonctions de leur ministère. »

Chapitre 25.

« David règle l'ordre des chantres et des musiciens. »

Verset 7. « Or, le nombre de ceux-ci avec leurs frères,
« qui étaient habiles dans l'art, et qui montraient aux
« autres à chanter les louanges du Seigneur, allait à
« 288. »

Ce nombre 288 est 12 fois 24. Il peut faire supposer 12 mois de 24 jours, soit une année de 288 jours.

Ce nombre 288, qui paraît être le nombre des jours d'une année de 12 mois de 24 jours, sous le roi David, est le huitième du nombre 2304, 36 cents de 64; il est la moitié du nombre 576 qui est le quart de 2304, ou le *quart* de l'arpent. Le seizième de 288 fait précisément les 18 scripules chaldaïques, dont j'ai parlé précédemment.

Suivant l'histoire du calendrier égyptien, par M. De La Nauze, 14e vol. des *Mémoires de l'Académie*, page 352, on voit qu'Horus dit que les Egyptiens représentaient la période de 4 *ans par un arpent*, et *une année par un quart d'arpent*. En multipliant 288 jours par 4, j'ai le nombre 1152 qui est la moitié du nombre 2304, formant l'arpent de 48 fois 48. Cette année de 12 fois 24 jours a pu succéder à celle de 8 fois 24 jours, comme les 12 dieux ont succédé aux 8 dieux, en considérant l'arpent comme un petit arpent ou demi-arpent de 1152, ou à l'année de 288 jours, égale au quart de cet arpent.

Ainsi l'année de 288 jours, égale à un quart d'arpent, serait l'année des Hébreux sous Moïse, David, etc., ce serait aussi l'année des anciens Egyptiens.

Paralipomènes, 1re partie, chapitre 25, verset 8.

« Et ils jetèrent au sort dans chaque classe.

« Le premier sort échut à Joseph, tant pour lui que
« pour ses fils et ses frères, qui étaient *au nombre de* 12.
« Le second à Godélius, pour lui, ses fils et ses frères
« *au nombre de* 12. »

On continue ainsi jusqu'à 24; en mentionnant toujours ses fils et ses frères au nombre de 12, le total faisant 288.

Chapitre 27. « Division du peuple pour la garde du
« roi, chefs de tribus, officiers du roi.

Verset 1er. « Or, le nombre des enfants d'Israël
« qui entraient au service par brigades pour la garde du

« roi, et qu'on *relevait tous les mois de l'année*, suivant « le partage qu'on en avait fait, était de 24 mille hom- « mes *à chaque fois :* chaque brigade ayant ses chefs de « famille, ses tribuns, *ses centeniers* et ses préfets. »

Suivent les noms des chefs, mois par mois, pendant 12 mois, commandant 24 mille hommes.

Ceci semble indiquer un nombre de mille égal au nombre des jours du mois.

Au chef de la 3e troupe, il est mis : c'est ce même Banaias qui était le plus courageux d'entre les 30. Je ne vois pas qu'il soit parlé des 30, ce nombre est sans doute mis pour 3 fois 8 ou 24.

Paralipomènes, 2e partie, chapitre 3.

« Salomon commence à bâtir le temple. Description « de cet édifice. »

Verset 3. « Voici le plan que suivit ce prince pour « construire cette maison de Dieu : la longueur était de « 60 coudées suivant la *première* mesure, la largeur de « 20 coudées.

Verset 4. « Le vestibule qui était devant, dont la lon- « gueur *répondait* à la largeur du temple, était *aussi* de « 20 coudées, mais sa hauteur était de 120.

« Il fit encore le sanctuaire ; sa longueur qui répon- « dait à la largeur du temple était de 20 coudées, sa lar- « geur avait pareillement 20 coudées. Outre cela, il fit « faire dans le sanctuaire deux statues de chérubins ; « l'étendue des ailes de ces chérubins était de 20 cou- « dées ; de sorte, qu'une de ces ailes avait 5 coudées, et « touchait la muraille du temple, et que l'autre qui avait « encore 5 coudées, touchait l'aile du second chérubin. « Les ailes de ces deux chérubins étaient donc déployées « et avaient 20 coudées d'étendue. »

Je crois avoir prouvé que le sanctuaire était de 16 coudées, le nombre 60 signifierait donc 6 fois 8 ou 48, et celui 5 serait mis pour 4.

Ezéchiel, chapitre 42.

« Devant les chambres du trésor, il y avait une allée « de 10 coudées de large, qui regardait du côté intérieur « vers un sentier *d'une coudée :* et leurs portes étaient « du côté du nord. »

Ceci à l'appui de la coudée de 9 palmes pour la coudée du temple de Jérusalem; un sentier, soit un corridor, ne pouvait être moins large qu'une coudée de 9 palmes, soit de 70 centimètres; pour que ce soit une coudée hébraïque, telle que M. Jomard et autres la donnent, il aurait fallu que ce corridor n'ait eu que 55 centimètres, c'eût été un corridor trop étroit pour le passage d'une personne.

Les deux premiers chapitres de la Genèse laissent du doute sur la période de 7 ou 8 jours, car, après le détail des 6 premiers jours du chapitre 1er, il vient *un nouveau chapitre,* le chapitre 2, intitulé ainsi :

« Septième jour. Paradis terrestre. Défense faite à « l'homme. *Création de la femme.* »

Ainsi donc la création de la femme appartient à ce septième jour. Voici copie :

« Le ciel et la terre furent donc ainsi achevés avec « tous leurs ornements.

« Dieu *termina* au *septième* jour tout l'ouvrage qu'il « avait fait, et il se reposa le *septième* jour, *après avoir* « *achevé* tous ces ouvrages. »

Le sens demande, et il se reposa le huitième jour, car Dieu travailla le septième jour, puisque le chapitre du 7e jour est intitulé : création de la femme. Il semble qu'on ait changé le texte pour le faire coïncider avec la nouvelle période établie de 7 jours.

« Lévitique, chapitre 12. Lois touchant les femmes « qui accouchent.

Verset 3. « L'enfant sera circoncis *le 8e jour.* »

On ne connaît pas l'origine de la circoncision, elle remonte aux temps inconnus. Cette période de 8 jours, appliquée à une cérémonie des plus anciennes, vient fortement à l'appui qu'elle était employée dans la haute antiquité.

« Le 8e jour, il prendra deux agneaux sans tâche.

« Le 8e jour, il prendra deux tourterelles.

Verset 4. « La femme demeurera encore 33 jours « pour être purifiée de la suite de ses couches.

Verset 5. « Si elle enfante une fille, elle sera impure « pendant 2 semaines, et elle demeurera encore 66

« jours pour être purifiée de la suite de ses couches. »

Le nombre 33 jours correspond, au calcul par 8, à 27 jours, 3 fois 8 plus 3, et 27 jours provient de 3 fois 9 jours, 9 provient de 3 fois 3. Le nombre 66, c'est 6 fois 8 plus 6, soit 54 jours, le double de 27 jours ou 6 fois 9 jours.

Ces nombres 33 et 66, mis pour 27 et 54, indiqueraient que l'on comptait anciennement par séries de 8 nombres.

« Vision de Daniel, chapitre 10.

Verset « 2. En ces jours-là, moi, Daniel, je fus dans « les pleurs pendant 3 *semaines*.

Verset 3. « Je ne mangeai d'aucun pain agréable au « goût, et ni chair, ni vin n'entra dans ma bouche; je « ne me servis même d'aucune huile, jusqu'à ce que ces « 3 *semaines* furent accomplies.

Verset 4. « *Le 24e jour* du 1er mois, j'étais près du « grand fleuve du Tigre.

Verset 5. « Et ayant levé les yeux, je vis etc. »

Il semble que ce sont 3 semaines de 8 jours, puisqu'après avoir parlé de 3 semaines, il continue en disant le 24e jour du premier mois.

En comptant comme les calendes, le 24e jour serait le 1er du mois, et ce serait mieux, soit après 3 périodes écoulées.

Je vais transcrire un article où la période de 8 jours est bien caractérisée.

Paralipomènes, 2e partie, chapitre 29.

« Règne d'Ezéchias. Il fait rouvrir le temple et ré« tablit le culte du Seigneur.

Verset 17. « Les prêtres commencèrent le premier « jour du premier mois à tout nettoyer; et le huitième « jour du même mois, ils entrèrent dans le portique du « temple du Seigneur. Ils employèrent *encore* 8 *jours* à « purifier le temple, et, le 16e du même mois, ils ache« vèrent ce qu'ils avaient commencé. »

Voici quelques raisons à l'appui qu'avant le déluge les années étaient de 8 mois de 24 jours.

Histoire de l'Astronomie ancienne, par Bailly.

Page 63. « Moïse nous apprend dans la Genèse, que

« l'année était partagée en 12 mois de 30 jours » (1).

En note, il est mis :

« On nous a objecté que le déluge, qui a duré 150 « jours ayant commencé le 17e jour du second mois, « avait fini, selon quelques versions, le 17 du septième « mois, et, selon quelques autres, le 27e. La pre- « mière de ces leçons donne des mois de 30 jours; la « seconde ne donne que des mois de 28 jours. Pour « éclaircir cette difficulté, nous nous sommes adressés « à M. l'abbé Lourdet, savant professeur en hébreu au « Collége royal; voici ce qu'il a bien voulu nous répon- « dre : Les Septante sont le seul texte qui, au verset 4 « du chapitre 8 de la Genèse, assigne la fin du déluge « au 27e jour du 7e mois. Il n'est pas étonnant que la « Vulgate, qui est la traduction de ce texte, ainsi que la « version arménienne, lui donnent la même date. Tous « les autres textes orientaux, savoir l'Hébreu, le Chal- « déen, le Samaritain, l'Arabe, et même le Syriaque, « disent positivement le 17e jour du septième mois. « En conséquence, le seul texte des Septante étant ici « contraire au texte Hébreu et à tous les autres textes « orientaux, je crois qu'il doit leur être sacrifié, ainsi « que la Vulgate et ses traductions françaises.

« Fondés sur cette autorité et sur cette décision, dit « Bailly, nous établissons qu'avant le déluge, les mois « étaient de 30 jours, puisqu'ayant commencé et fini « précisément au même jour du mois, les 150 jours de « sa durée répondent à 5 mois entiers. »

On a mis 150 jours, parce que l'on a supposé 5 mois de 30 jours, ou peut-être les 150 jours sont-ils, système par 8, une fois et demie 64, soit 96 jours, soit 4 mois de 24 jours, et ce nombre 4 mois vient appuyer ma supposition, car j'ai établi que l'on a traduit 4 par 5, de même que 8 par 10.

Les deux dates, 17e jour du 2e mois et 17e jour du 7e mois, ne sont sans doute qu'une seule et même date, soit le commencement du déluge au septième mois, suivant

(1) Plus avant je citerai Fréret, qui, s'appuyant aussi sur la Genèse, forme une année de 12 mois de 28 jours. Je discuterai ce point.

notre manière actuelle de compter, ou le 2e mois selon la méthode ancienne, soit le deuxième mois avant la fin de l'année qui était de 8 mois. Je ferai plus avant une citation à l'appui que les mois avant le déluge se comptaient comme les jours des calendes et des ides chez les Romains, c'est-à-dire, que le premier mois de l'année (d'une année de 8 mois) se nommait le huitième mois, le second se nommait le septième, etc.

Autre raisonnement.

On dit communément que le déluge dura 40 jours, c'est pourquoi il est mis que le déluge qui a commencé le 17 d'un mois a fini le 27; cela doit s'entendre du mois suivant. Ainsi les dates du 17 et du 27 viennent à l'appui que c'est le 27 du mois suivant, mais, selon le système par 8, 40 jours est mis pour 4 périodes de 8 jours ou 32 jours. Le déluge commençant le 17e jour du 7e mois, il reste une période de 8 jours pour finir ce mois (mois de 24 jours), puis 3 périodes de 8 jours, dont est composé le mois suivant et dernier de l'année, et même dernière année d'une période de 8 générations. Cela fait les 4 périodes de 8 jours, ou ce qu'on appelle les 40 jours, pendant lesquels la pluie ne discontinua pas de tomber. Il faut reporter les autres cent jours, soit les 64 jours ou les 8 périodes de 8 jours au nouveau siècle, ouvrant une ère nouvelle; les 8 premiers siècles de l'existence du monde finissent avec la fin de la pluie, le déluge est consommé, c'est la fin du monde. C'est 4 périodes de 8 jours pour le déluge, c'est ensuite 8 *périodes de 8 jours*, ou le cent ancien, un cycle, pour que l'on puisse sortir de l'arche : total un cent et demi, système par 8, exprimé par 150 jours.

Le 17e jour du mois est sans doute mis pour le 15e, soit, au calcul par huit, 8 plus 7.

Voici une citation où il est bien sensible que l'on a mis le 17 pour le 15.

Mémoires de l'Académie des Inscriptions, 16e volume. *Histoire du calendrier égyptien*, par M. De La Nauze. L'année lunaire en Egypte.

Page 196. « Les Egyptiens, au rapport de Plutarque, « supposaient qu'Osiris avait péri le 17 du mois athyr,

« et ils en célébraient la fête à ce jour-là même, dit-il, « auquel on voit *de la manière la plus complète et la plus* « *sensible la lune dans son plein.* »

Ce qui est remarquable dans cet article, c'est le 17, pour désigner la pleine lune, ce qui n'est pas possible pour un mois lunaire, ceci est exprimé au calcul par huit, soit 8 plus 7.

Autre citation à l'appui que le 17 et le 15 sont la même date.

23e volume, page 71.

Essai sur la Chronologie générale de l'Ecriture.

« Dans la Genèse, le déluge commence *au* 17e *jour* « du second mois; dans les fragments de Bérose, le dé- « luge de Xisuthrus, *qui est le même* que celui de Noé, « date *du* 15e *jour* du mois *dœsius, le huitième* de l'année « Babylonienne. »

Fréret, *Chronologie*, 12e volume.

Page 55. « On voit par quelques fragments de Bé- « rose que, quand les Chaldéens écrivaient en grec, ils « employaient les noms Macédoniens, *même dans l'his-* « *toire des temps les plus reculés.* Bérose donne le nom « de *dœsius* au mois dans lequel arriva *le déluge* de « Xisuthrus. »

Le mot dœsius indique, sans doute, le dernier mois de l'année; car le déluge a dû finir l'année. Ce mot dœsius paraît maintenant vouloir dire dix, mais alors il devait signifier *huit*, comme dès, dix, signifiait huit.

Je vois que le mois dœsius, chez les Macédoniens et chez les Athéniens, était *le* 8e *mois* de l'année, donc dœsius signifiait *huit*, et comme Bérose indique ce mois pour celui du déluge, c'est qu'il n'y avait que 8 mois dans une année.

Page 55. « 8 des noms des mois des Babyloniens sont « communs aux Syriens et *aux Juifs.* »

Ceci à l'appui d'une année antérieure de 8 mois qui étaient de mêmes noms. Les 4 noms ajoutés ne sont plus les mêmes; s'il n'y avait pas eu antérieurement pour ces peuples divers, des années de 8 mois, les noms des mois ne seraient pas les mêmes seulement pour 8 mois. Il faut prendre ceci en grande considération à l'appui des années de 8 mois. On peut en tirer une autre conséquence, c'est que tous ces peuples provenaient d'une origine commune, d'un peuple antérieur où la numération par *huit* était générale.

Fréret, 10e volume.

Page 129. « Le récit que Moïse fait des circonstances « du déluge, nous montre que l'ancienne année des « patriarches était une année lunaire, composée de 12 « mois de 28 jours chacun, lesquels étaient à-peu-près « moyens entre le mois périodique et le mois syno- « dique. Cette année contenait 48 *semaines* : car la di- « vision septenaire des jours était plus ancienne que « Moïse, qui l'a sanctifiée, mais qui ne l'a pas établie le « premier, comme on le voit par la Genèse. Cette même « division avait lieu dans l'Egypte. »

L'année de 336 jours, résultant de 48 semaines de 7 jours, ne me paraît guère probable. 48 *semaines*, c'est précisément le nombre de semaines de ma grande année de 48 semaines de 8 jours formant 384 jours, 600 jours, système par 8, égalant 13 lunaisons, soit 2 petites années de 192 jours. Si d'ailleurs l'année de 336 jours, 48 semaines de 7 jours, avait existé, ce serait en faveur de l'existence antérieure de l'année de 48 semaines de 8 jours; on aurait supprimé, pour la faire, un jour à chaque semaine, mais c'est contre toute probabilité.

Le nombre de 28 jours est mis ici pour 2 fois 8 plus 8, soit pour 24 jours. On a ainsi une année de 12 mois de 24 jours formant 288 jours, 36 semaines de 8 jours, les trois quarts de la grande année de 384 jours, une fois et demie la petite année de 192 jours. Les anciens n'ont pas pu compter 28 jours pour une lunaison qui est de 29 jours 1/2. Ils auraient été de suite en dehors des lunaisons.

Lorsque l'on a voulu faire coïncider les années anciennes avec les annés solaires, on a pu compter :

5 années de 288 jours formant	1440 jours
1 année de 384 »	384
	1824

dont le 5me forme une année de 364 jours 8/10.

Dans la Bible, au chapitre 8 de l'Exode, on fait mention des 10 plaies d'Egypte, mais, quoiqu'elles soient nommées, je soupçonne que ces 10 plaies ont été mises pour 8 plaies.

Je remarque que la 3e plaie est celle des moucherons, puis la 4e plaie celle des mouches. Mais cela ne doit former qu'une seule plaie. Ensuite, la peste sur les hommes et la plaie suivante, la peste sur les animaux, ne sont, sans doute, aussi qu'une seule plaie, ce qui réduit le nombre des plaies à huit.

Comme la marque ancienne du nombre 4 a été interprêtée et changée en celle du nombre 5, les commentateurs ont pu voir une lacune du nombre 4, et ils auront formé 2 plaies de la 3e, pour en avoir une sous la désignation de 4e plaie.

J'ai dit que le nombre huit avait été changé en celui dix, ou, si l'on aime mieux, que le mot dix, qui signifiait huit, a pris, depuis la numération par dix, la signification du mot dix. Je viens de citer les 8 plaies d'Egypte, changées en les dix plaies; une circonstance nouvelle me fait citer le Décalogue ou les dix commandements; il n'y en avait dans l'origine que huit, le mot Décalogue lui-même ou celui dont on l'a traduit, signifiait huit. Ceci n'a aucun rapport à la religion. Dieu peut aussi bien et même mieux n'avoir établi que huit commandements, car il est bien certain qu'il ne se sert pas de la numération ingrate par dix.

Dans un journal se trouvent deux lettres des époux Madiaï, condamnés pour cause de propagande au protestantisme, où il est mis :

« Nous fûmes accusés de n'avoir que huit comman-
« dements, je dis que devant une telle accusation, il était
« juste que j'exposasse et récitasse les commandements,
« afin que l'on pût juger, s'il y en avait *huit* ou *dix*. »

Dans les deux Bibles, catholique et protestante, citées plus haut, on ne marque pas le nombre des commandements par 1er, 2e, etc., mais on peut juger à la lecture, qu'il n'y a que *huit* commandements distincts.

Dans le catéchisme du diocèse de Paris et sans doute dans tous les catéchismes, on donne l'explication des commandements arrangés par leçons; on fait deux leçons pour le 1er commandement, parce que les explications sont plus longues; il y a ensuite une leçon pour chaque commandement, mais on ne fait qu'une leçon pour le 6e et le 9e commandement qui évidemment sont le même commandement, et qu'une leçon pour le 7e et le 10e, qui ne font aussi évidemment qu'un commandement, et la dernière leçon est pour le huitième commandement. Ce qui ne forme donc que huit commandements de Dieu.

L'antiquité dévoilée, par Boulanger, tome 2.

Page 224. « Avant de parler de la période de la durée « générale, il convient de commencer par les périodes « de détail. »

En parlant du déluge, il est mis :

« Echappé de la *première huitaine*, on craignait en- « core pour l'autre. »

3e volume, page 74. « Les Juifs ont, en mémoire de « l'autel et du culte, établi à Jérusalem par Judas Ma- « chabée, une fête annuelle, appelée hanucah ou la *dé- « dicace*. Ils l'appellent aussi la fête des lumières, parce « que les maisons, les synagogues et les rues sont illu- « minées pendant 8 *jours*. »

En Chine, il y a aussi la fête des lanternes.

Page 161. « Les Juifs avaient encore au 25 de kaslen « une fête de verdure, semblable à celle des tabernacles, « elle durait 8 *jours*. »

Page 164. « Le 28 de paophi, qui répond au 19 d'octo- « bre, on célébrait en Egypte la fête des bâtons du soleil, « parce qu'il commence à perdre sa force après l'équi- « noxe d'automne; le 17 d'athyr, qui répond au 13 de no- « vembre, on célébrait une fête qui durait quatre jours. »

Suivant mon opinion que les périodes étaient de 8 jours, j'ai compté combien il y avait de jours du 19 octobre au 13 novembre, il y en a 24, en comptant les mois de trente jours. Ces 24 jours de distance font 3 périodes de 8 jours, soit un mois de l'époque ancienne. Ceci est à l'appui des périodes de 8 jours et des mois de 24 jours; la seconde fête avait lieu un mois après la première, dans l'origine.

Page 185. « Selon Hyde, les anciens Perses ne faisaient point usage de la semaine. Ainsi que les Grecs, ils divisaient leur mois en 3 espaces. »

Ceci en faveur des 3 périodes de 8 jours pour un mois.

Chronologie, tome 9, page 145.

« L'écriture remarque que Jéroboam fixa la fête solennelle du nouveau culte *au huitième mois*, à l'imitation de celle qui se célébrait dans le royaume de Juda. »

Fréret, de l'ancienne année des Perses.

« Le plus grand nombre mettait les 5 jours épagomènes à la fin de l'année (l'année de 12 mois et 5 épagomènes), pour la commodité du calcul des tables. Plusieurs autres, *conformément à l'ancien usage*, les plaçaient *entre le huitième* et le *neuvième mois*. »

Ces deux articles en faveur de l'année de 8 mois.

Chronologie, tome 3.

« Le palais et le temple de Jérusalem furent détruits et rasés *le* 7 *ou le* 10 du 5e mois. »

On dit bien le 7 ou le 8, mais non le 7 ou le 10; on aura traduit 8 par 10.

Lorsque l'on aura reconnu que le nombre huit a été changé en celui dix, on en conclura que les nombres de Moïse et de la Bible sont exprimés au calcul par huit. Lorsque les nombres sont isolés, ce n'est pas facile à établir, mais lorsque plusieurs nombres isolés sont réunis ensuite en un nombre total, il est souvent possible de découvrir des erreurs qui peuvent être expliquées par la réduction des nombres, selon le calcul par huit, c'est ce que je vais faire.

Dans la Bible, au second livre d'Esdras, on fait un dénombrement dont les quarante nombres partiels sont indiqués pour un total de 42,360; j'ai additionné ces nombres par la méthode ordinaire du calcul par 10, je n'ai trouvé que 31,089; mais en les additionnant, suivant une combinaison du calcul par huit, j'ai amené le nombre 43,411, soit un peu plus que le nombre dans la Bible; j'ai dit que le nombre 4 a été souvent changé en 5, le 5 en 6 et le 6 en 7, de sorte qu'en rétablissant les 7 en 6, les 6 en 5, les 5 en 4, soit les nombres partiels, on n'amènerait plus pour le total que le nombre 42,031, soit un peu moins que le nombre mentionné. Il serait donc possible d'amener le nombre mentionné exactement 42,360, qui est compris entre les deux que j'ai amenés. (1)

Autre exemple.

Voici copie abrégée de ce qui est écrit dans la Bible de Le Maistre de Sacy, second livre d'Esdras.

Chapitre 7. « Ordres donnés par Néhémie; *Dénom-*
« *brement* de ceux qui étaient venus avec Zorobabel.

Verset 5. « Dieu me mit dans le cœur d'assembler
« les plus considérables d'entre les Juifs, les magistrats
« et le peuple, pour en faire la revue, *et je trouve un*
« *mémoire où était le dénombrement* de ceux qui étaient
« venus la première fois, *où était écrit ce qui suit :*

Verset 6. « Ce sont ici ceux de la province, qui sont
« revenus de la captivité où ils étaient, qui, après avoir
« été transférés à Babylone par le roi Nabuchodonosor,
« sont retournés à Jérusalem dans la Judée, chacun
« dans sa ville.

Verset 8. « Les enfants de Pharos étaient 2172.

Verset 9. « Les enfants de Saphatia étaient 372. »

On continue de citer 40 nombres, puis il est mis :

Verset 66. « Toute *cette* multitude, *étant* comme un
« seul homme, se montait à 42,360 personnes.

« *Jusqu'ici* sont les paroles qui étaient écrites *dans*
« *le livre du dénombrement*. Ce qui suit est l'histoire de
« Néhémie. »

Ainsi donc, ce dénombrement provient d'un livre plus ancien encore, et, en additionnant tous les nombres partiels par une combinaison du calcul par huit, c'est-à-dire, en comptant 8 unités pour une huitaine appelée dizaine, 8 huitaines pour un cent qui était de 64, 8 cents de 64 pour un mille qui était de 512 et 8 milles pour dix milles, on arrive à un nombre à-peu-près conforme à celui cité par la Bible. Ceci établit donc bien que les nombres mentionnés, étaient exprimés au calcul par huit.

(1) Suivant le premier livre d'Esdras, on arrive à un nombre un peu moins élevé que celui 42,360.

Je vais mentionner le nombre 13, ancien nombre 8 plus 3 soit 11, le détail établira que ce nombre 13 alors, a bien été mis pour celui qu'on nomme actuellement 11.

Bible protestante, chroniques, chapitre 6, (page 540).

Verset 50. « Ce sont ici les descendants d'Aaron :
« Eléazar son fils, Phinées son fils, Abiscuah son fils,
51. « Bukki son fils, Huzzi son fils, Zérahya son fils,
52. « Mérajoth son fils, Amarja son fils, Ahitub son
« fils.
53. « Tsadok son fils, Ahimahats son fils.
54. « Et ce sont ici leurs demeures, selon leurs châ-
« teaux, dans leurs contrées. Pour ce qui est des des-
« cendants d'Aaron, qui appartiennent à la famille des
« Kéhathites, lorsqu'on jeta le sort pour eux,
55. « On leur donna Hébron, au pays de Juda, et ses
« faubourgs tout autour;
56. « Mais on donna à Caleb, fils de Jéphunné, le
« territoire de la ville et ses villages.
57. « On donna donc aux descendants d'Aaron, Hé-
« brón, d'entre les villes de refuge, et Libna avec ses
« faubourgs, Jattir et Esctémoah avec leurs fau-
« bourgs;
58. « Hilen avec ses faubourgs, Débir avec ses fau-
« bourgs;
59. « Hascan avec ses faubourgs, et Bèth Scémés
« avec ses faubourgs;
60. « Et de la tribu de Benjamin, Guébah avec ses
« faubourgs, Halémeth avec ses faubourgs et Hanathoth
« avec ses faubourgs. Toutes leurs villes étaient 13 en
« nombre selon leurs familles. »

On indique 13 villes en nombre; en comptant les villes nommées on n'en trouve que 11, le nombre 11 est confirmé par les 11 descendants d'Aaron; il est mis au verset 60, 13 villes selon leurs familles, ce qui indiquerait 13 familles, mais aux versets 50 et 54 on voit 11 noms de famille, et le verset 54 dit : *ce sont ici* leurs demeures, selon leurs châteaux, dans leurs contrées; donc le nombre 11 ressort non-seulement de 11 villes nommées, mais aussi des 11 noms de famille mentionnés.

Bible protestante, chapitre 46.

Verset 26. « Toutes les personnes qui vinrent en « Egypte, qui appartenaient à Jacob et qui étaient nées de « lui (sans enfants des enfants de Jacob), étaient en tout « *soixante six*.

27. « Et les enfants de Joseph qui lui étaient nés en « Egypte furent *deux* personnes, toutes les personnes « *donc* de la maison de Jacob qui vinrent en Egypte « furent *soixante-dix*. »

On voit qu'à 66 on ajoute 2 personnes, ce qui fait 68 et on met 70, mais, par le calcul par 8, 66 et 2 font 70, le nombre 6 et 2 faisant 8, soit une huitaine, se posent comme 10, ceci établit bien que l'on comptait par séries de 8 nombres.

Dans la Bible catholique de Le Maistre de Sacy, le verset 26 est semblable ; il y a une variante au verset 27 dont voici copie :

Verset 27. « Il faut y joindre les *deux* enfants de « Joseph qui lui étaient nés en Egypte et Joseph lui-« même, *ainsi* toutes les personnes qui vinrent en « Egypte furent au nombre de *soixante-dix*. »

Si à 66 on ajoute 2, puis 1, cela ne fait encore que 69, il semble que le commentateur ait vu que 66 et 2 ne faisaient pas 70 et qu'il ait cherché à s'en rapprocher.

Nombre 4 changé en nombre 5.

Bible protestante, second Livre des rois, chapitre 7.

Verset 13. « Mais l'un de ses serviteurs répondit et « dit au roi : Que maintenant on prenne *cinq* des che-« vaux qui sont demeurés de reste dans la ville, c'est à « peu près tout ce qui est demeuré de reste du grand « nombre de chevaux d'Israël ; voila, ils sont comme « toute la multitude qui a été consumée, *envoyons-les* « et voyons ce que c'est.

14. « Ils prirent donc *deux* chariots *avec leurs che-* « *vaux*, et le roi les envoya au camp des Syriens, et leur « dit : allez et voyez. »

2 chariots avec leurs chevaux, c'est 4 chevaux et non 5 ; il est mis au 1er verset, envoyez-les, c'est bien tous les chevaux ; puis, dans le verset suivant, il est mis : *ils prirent donc*. Le mot donc établit encore que ce sont les chevaux dont on vient de parler.

Dans la Bible catholique de Le Maistre de Sacy, le texte n'est pas tout-à-fait le même. Mais il établit également que le nombre 5 est mis pour le nombre 4. Voici copie :

Verset 13. « L'un des serviteurs du roi lui répondit :
« il y a encore *cinq* chevaux qui sont restés *seuls* de ce
« grand nombre qui était resté dans Israël, *tous* les
« autres ayant été mangés, *prenons-les*, et envoyons des
« gens pour connaître l'état des ennemis.
14. « On amena *donc* deux chevaux, et le roi envoya
« deux hommes dans le camp des Syriens et leur dit :
« allez et voyez. »

Le verset 13 dit positivement, il n'y a plus que 5 chevaux qui sont réstés *seuls, prenons-les.*

Le verset 14 dit 2 chevaux au lieu de 2 chariots, mais ce doit-être 2 chariots pour 4 chevaux. Il est encore mis *donc*, ce qui établit que c'est là suite du verset précédent.

Autre exemple du nombre 4 changée en 5.

Bible catholique (la Bible protestante est de même), second Livre des rois, chapitre 8.

Verset 16. « *La cinquième* année de Joram, fils d'A-
« chab, roi d'Israël (et de Josaphat, roi de Juda), Joram,
« fils de Josaphat, roi de Juda, monta sur le trône.
17. « Il avait 32 ans lorsqu'il commença à régner; il
« régna *huit ans* dans Jérusalem.
25. « *La douzième année* de Joram, fils d'Achab, roi
« d'Israël, Ochozias, fils de Joram, roi de Juda monta
« sur le trône. »

Au verset 16, il est mis la 5me année, puis au verset 17 il est mis 8 ans, ce qui ferait 13 *ans;* mais au verset 25 il est mis *la douzième année*, ce qui établit que la 5me année est mise à la place de la 4me année.

On rencontre très-souvent des nombres se terminant par 8, c'est parce qu'alors on n'a pas changé le 8 en 10; ainsi au livre d'Esdras, chapitre 8, on voit pour le dénombrement de ceux qui revinrent de la captivité, les nombres 150, 200, 300, 50, 70, 80, 218, 160, 28, 110, 60, 70.

On voit tous nombres ronds, excepté les nombres

218 et 28, mais ces nombres doivent être considérés comme des nombres ronds, car ce sont des huitaines, et les autres nombres qui sont censés des dizaines sont également des huitaines.

Bible protestante, Machabées; il s'y trouve une espèce de chronologie : années 137, 145, 148, 151, 152, 153, 160, 165, 167, 170, 171, 172; on voit qu'après 148 viennent 151, 152, 153, c'est parce que 148 au système par 8 devrait se poser 150, et alors 151, 152, 153, doivent suivre. Après 167 viennent 170, 171, 172, parce qu'ici on n'a pas mis après 167 le nombre 168, mais bien 170, comme cela doit être par le système par 8.

Nombre 7 mis pour 6, soit 5 plus 2 au lieu de 4 plus 2.

Bible protestante, 1er livre des Machabées, chapitre 13.

Verset 27. « Et Simon bâtit sur le sépulcre de son « père et de ses frères un tombeau superbe de pierres « polies devant et derrière;

28. « Et il posa *sept* pyramides *l'une vis-à-vis de « l'autre*, pour son père, pour sa mère et pour ses « *quatre frères.* »

On voit que le nombre 7 est mis pour 6, 4 plus 2 et non pas 5 plus 2, car son père, sa mère et ses quatre frères ne font que 6; puis il est mis 7 pyramides *l'une vis-à-vis de l'autre*. Pour que l'une soit vis-à-vis de l'autre, il faut que les pyramides soient en nombre pair.

Bible protestante, psaume 68.

Verset 18. « La cavalerie de Dieu se compte par « vingt mille par des milliers *redoublés ;* le Seigneur est « parmi eux, c'est un autre Sinaï en sainteté. »

Des milliers redoublés ne peuvent être qu'au calcul par 8, car, par le calcul par 10, les milliers redoublés ne forment pas des millions.

Dans la Bible catholique on a traduit par des millions les milliers redoublés, mais les milliers redoublés doivent plutôt être la traduction littérale.

Explication du nombre 70, suivant les nombres 62 et 7 qui ne font cependant que 69.

Bible catholique (la Bible protestante présente le même sens).

Prière de Daniel, prédiction des soixante et dix semaines qui doivent se terminer par la venue du Messie.

Chapitre 9.

Verset 24. « Dieu a abrégé et fixé le temps à *soixante-*
« *dix semaines* en faveur de votre peuple et de
« votre ville sainte, afin que les prévarications soient
« abolies, que le péché trouve sa fin, que l'iniquité
« soit effacée, que la justice éternelle vienne sur
« la terre, que les visions et les prophéties soient
« accomplies, et que le Saint des Saints soit oint de
« l'huile sacrée.

25. « Sachez donc ceci, et gravez-le dans votre es-
« prit : depuis l'ordre qui sera donné pour rebâtir Jéru-
« salem jusqu'au Christ, chef de mon peuple, il y aura
« *sept semaines* et *soixante-deux semaines*, et les places
« et les murailles de la ville seront bâties de nouveau
« parmi des temps fâcheux et difficiles, pendant *sept*
« *semaines*.

« 26. Et, après 62 semaines, le Christ sera mis à
« mort et le peuple qui doit le renoncer ne sera plus
« son peuple ; un peuple avec son chef qui doit venir
« détruire la ville et son sanctuaire : elle finira par une
« ruine entière, et la désolation qui lui a été prédite ar-
« rivera après la fin de la guerre. »

Il est d'abord parlé de 70 semaines, puis ensuite le détail est 62 et 7, ce qui ne fait que 69. L'article est donc incompréhensible suivant ces nombres.

On ne connaît pas l'origine du nombre sept rendu fameux chez les Hébreux, je soupçonne qu'il pourrait provenir d'une erreur. Le 4 ayant été changé en 5, le 5 en 6, le 6 en 7, il s'ensuivrait que les 70 semaines auraient été dans l'origine les 60 semaines, et les 7 semaines auraient été les 6 semaines ; suivant cette supposition et suivant le calcul par 8, je vais rendre un sens à l'article : les 70 semaines seraient les 60 semaines, et 60 semaines au calcul par 8, c'est 6 fois 8 ou 48 semaines ; les 62 semaines seraient les 52 semaines, mais, au calcul par 8, c'est 5 fois 8, plus 2, ou 42 semaines; puis les 7 semaines étant mises pour 6 semaines, 42 et 6 font également 48 semaines, ce nombre 48 semaines est la grande année ancienne de 48 semaines de 8 jours, formant 384 jours, année équivalente, comme je l'ai déjà dit, par concordance fortuite, à 13 lunaisons; ces 384 jours, système par 10, forment 600 jours système par 8. C'est la grande période de 600 ans célébrée par Joseph, et cette période vient à l'appui de la supposition que je fais.

Livre d'Aggée, chapitre 2.

Verset 17. « Souvenez-vous que, lorsque vous veniez « à un tas de blé, 20 boisseaux se réduisaient à 10, et « lorsque vous veniez au pressoir pour en rapporter « 50 vaisseaux pleins de vin, vous n'en retiriez que 20. »

La proportion est bien dans la première partie de la citation, 20 et 10 sont moitié l'un de l'autre, quoiqu'il convienne de changer 20 et 10 en 16 et 8.

Mais, dans la seconde partie, 50 et 20 ne sont plus dans la même proportion, c'est parce que l'on a changé le 4 en un 5, soit 40 en 50. La proportion doit donc être 40 et 20, qu'il convient aussi de changer en 32 et 16. Il est bien sensible qu'on n'a pas voulu indiquer deux proportions différentes.

Esdras, livre III, chapitre 8.

Verset 1er. « Or le septième mois étant venu,

2. « Esdras, prêtre, apporte la loi *au* 1er *jour* du sep« tième mois. »

Chapitre 9.

Verset 1er. « Or *au* 24me *jour* de ce mois, les enfants « d'Israël s'assemblèrent dans le jeûne, revêtus de sacs « et couverts de terre. »

Je ferai remarquer qu'il est parlé du 1er jour et du 24me jour. Que le 24me jour soit le 24me, ou, en comptant comme les calendes, le 1er jour du mois, c'est toujours un mois de 24 jours.

Je ferai aussi observer qu'il n'y a rien après ce 24me jour, le chapitre finit avec ce 24me jour. Dans la Bible il est souvent parlé du 24me jour, ce qui est à l'appui que les mois étaient de 24 jours.

Le Cantique des Cantiques, traduction d'Eugène Genoud.

« Dans la préface, l'auteur dit que, suivant *Bossuet* « (page 233), il est constant que la fête nuptiale chez « les Hébreux, se prolongeait pendant 7 jours, de « même que presque toutes les autres solennités. C'est « dans cet usage qu'il faut, suivant notre savant prélat, « chercher le plan du poëme et *sa division*. Le soir, « après que le festin nuptial était terminé, l'épouse était « conduite à son époux, c'est *de là* qu'il faut prendre « le commencement des 7 *jours* de la noce, car les « Hébreux commençaient au coucher du soleil le calcul « de leurs journées, etc.

« Si l'on admet que ces indices du temps sont véri- « tables et bien fondés, et si l'on s'attache à cette indi- « cation, on reconnaîtra que le poëme entier se divise « naturellement en 7 parties, dont chacune remplit « l'espace d'une journée. Notre auteur ajoute que la « dernière lui semble désigner le jour du sabbat, parce « que l'époux ne sort plus, comme les jours précédents, « pour aller reprendre les travaux champêtres, mais « qu'il s'avance publiquement, en sortant avec son « épouse de la chambre nuptiale. Telle est l'opinion de « ce grand homme. »

Le Cantique des Cantiques est bien divisé en 8 chapitres et en 8 jours. Chaque chapitre est intitulé, 1er chapitre, 2e chapitre, etc., jusques et compris le 8e chapitre; chaque chapitre est aussi intitulé 1er jour, 2e jour, etc., jusques et compris le 8e jour.

Il ne faut pas que l'esprit de religion fasse tronquer l'histoire. Avant les semaines de 7 jours, il a pu exister des semaines de 8 jours. Ceci est indépendant de la religion.

Esdras, livre 2e, chapitre 5, (traduction, Eugène Genoud).

Page 592, verset 18. « Or, on m'apportait tous les « jours un bœuf, six moutons choisis, et, *entre les dix* « *jours*, diverses sortes de vin. »

Dix doit être mis pour huit, et alors *c'est entre les 8 jours*, et cela désigne une période, une semaine de 8 jours.

M. Gibert, dans les Mémoires de l'Académie, cherche à prouver que l'année solaire et l'année lunaire étaient connues chez les Hébreux du temps de Moïse. Suivant les citations mêmes de M. Gibert, je vais établir que les mois étaient alors de 24 jours.

27e volume des *Mémoires de l'Académie*, 2e partie.

Page 88. « Pour l'usage de l'année lunaire, voici « comme je le prouve. Moïse rapporte que les Hébreux « mangèrent la pâque le 14 du premier mois; ils reçu- « rent la loi sur le mont Sinaï, 52 jours après, *les deux* « *termes compris*. C'est sur quoi on ne peut former « aucune difficulté raisonnable, ces 52 jours ajoutés aux « 13 du premier mois, qui précédèrent la pâque, font « 65 jours, qui s'écoulèrent depuis le premier jour du « premier mois, jusqu'à celui où la loi fut donnée. Ce « dernier était le 6 du troisième mois, car les Israélites « étaient arrivés, comme dit Moïse, le 3 du troisième « mois au pied du mont Sinaï. Dieu leur ordonna le « quatrième de se préparer ce jour-là même et le len- « demain, c'est-à-dire, le quatrième et le cinquième: il « leur donna sa loi le surlendemain, qui était par con- « séquent *le sixième* de ce mois; or, en retranchant ces « 6 jours des 65, il en restera 59 pour les deux mois « précédents, ce qui ne donne que deux mois lunaires « de vingt-neuf jours et demi chacun. Donc Moïse « compte ici par lunaisons et emploie l'année lunaire. »

M. Gibert, pour amener des mois lunaires de vingt-neuf jours et demi, est obligé de supprimer un jour; il n'ajoute que 13 jours à 52, mais si les Hébreux mangèrent la pâque le 14 et qu'ils reçurent la loi 52 jours après, il faut ajouter 52 à 14, et on a ainsi 66 jours.

En réduisant les nombres au calcul par 8, 14 c'est 8 plus 4 ou 12, 52 c'est 5 fois 8 plus 2 ou 42. En ajoutant 42 à 12 on a 54 jours; en retranchant 6 jours de ce nombre, on a 48 jours, soit 2 mois de 24 jours, et le 6 devient le 6e jour du 3e mois.

Je vais transcrire une citation à l'appui que l'on a changé l'ancienne période de 8 jours en celle de 10 jours.

Page 91. « Je commence par montrer que les mois « employés par Josèphe sont des mois solaires. On en

« trouve une preuve dans les 10 *jours* que Josèphe « compte depuis et *compris* le 30 du mois gorpiæus, « jusques et *compris* le 8 du mois hyperbereteæus, dans « le récit qu'il fait de la défaite de Cestius devant Jéru- « salem. En effet, si, *les deux termes compris*, il y a eu « 10 jours du 30 gorpiæus au 8 hyperberetæus, il faut « nécessairement que le mois gorpiæus ait eu 31 *jours*, « et par conséquent que ce fût un mois solaire.

« La plupart de ceux qui ne veulent pas reconnaître « dans Josèphe des mois juliens, ont fait tous leurs ef- « forts pour retrancher quelque chose de *ces* 10 *jours*, « mais le cardinal Noris, de meilleure foi, convient « qu'il est impossible de ne les y pas compter d'après « la narration de Josèphe. Les Romains commencèrent, « suivant cette narration, le siége de la ville le 30 de « gorpiæus et formèrent, sans succès, différentes atta- « ques pendant 5 jours; le jour suivant, c'était bien le « sixième, nouvelle tentative que Celtius juge plus à « propos d'abandonner. Il rentre dans son camp de « Scopos et y passe la nuit, mais il est repoussé, mis en « fuite et poursuivi jusqu'à Gabaon; il y demeure 2 jours, « savoir ce jour même et le suivant, c'est-à-dire, le 7 et « le 8.

« Le troisième jour, depuis qu'il était à Gabaon, le « neuvième par conséquent du siége, il prend tout-à- « fait le parti de la retraite et se met en marche, mais « il est coupé par les Juifs. Il ne fait que trois ou quatre « milles, et, ayant feint de camper et de vouloir s'arrê- « ter, il profite de la nuit qui survient pour se sauver. « Le matin, c'était bien *le dixième jour*, les Juifs, s'aper- « cevant de son départ, attaquent les quatre cents hom- « mes qu'il avait laissés dans son camp. Cela se passa, « ajoute Josèphe, le 8 du mois de dius.

« Le cardinal de Noris a certainement bien raison de « prétendre qu'on ne peut soustraire un seul de ces « 10 jours, tous clairement et bien précisément distin- « gués et caractérisés dans l'historien juif. Mais, entraîné « par son préjugé, plutôt que de reconnaître en cet en- « droit un mois solaire dans Josèphe, il aime mieux « dire que cet écrivain *s'est trompé* ou que son texte est

« *fautif*, quant au jour indiqué du mois dius, et qu'il y « faut lire le 9 au lieu du 8.

« La narration de l'historien compte clairement et « distinctement 10 jours, depuis le 30 du mois gorpiæus « jusqu'au 8 du mois dius, *les deux termes compris*, « donc le mois gorpiæus, qu'emploie Josèphe, avait 31 « jours, donc c'était un mois solaire. »

Josèphe ne compte pas 10 jours, du 30 du mois gorpiœus au 8 du mois suivant, mais il a dû compter 8 jours, depuis le 30 d'un mois jusqu'au 8 du mois suivant; on exprime ordinairement cet espace de temps par 8 jours, mais ensuite, en rendant compte des opérations du siége, jour par jour, en commençant par celles qui ont eu lieu le 30 et en finissant par celles qui ont eu lieu le 8 du mois suivant, on trouve 9 jours.

L'incertitude sur le nombre de jours doit provenir de ce qu'il est mis que l'on forma diverses attaques de la ville pendant 5 *jours* et que ce 5 est mis en place d'un 4, comme presque tous les 5 des nombres anciens. Je vais rétablir la narration suivant cette correction et j'arriverai au 8 du mois dius.

Les Romains *commencèrent* le siége de la ville le 30 de gorpiæus et formèrent différentes attaques pendant 4 jours (au lieu de pendant 5 jours), donc les 4 jours sont le 30 du mois de gorpiœus, le 1er, le 2 et le 3 du mois dius. (J'admets ici le nombre 30, quoiqu'il soit mis pour 3 fois 8 ou le 24). Le jour suivant, c'était bien le cinquième du siége ou le 4 du mois dius, il rentre dans son camp et y passe la nuit; il s'avance *le lendemain*, soit le sixième jour du siége ou le 5 du mois, pour recommencer son attaque. Mais il est repoussé, mis en fuite et poursuivi jusqu'à Gabaon, il y demeure 2 jours, savoir ce même jour et le suivant, c'est-à-dire le sixième et le septième jour du siége, ou le 5 et le 6 du mois. Le troisième jour depuis qu'il était à Gabaon, soit le huitième jour du siége ou le 7 du mois, il prend tout-à-fait le parti de la retraite et se met en marche, mais il est coupé par les Juifs; il ne fait que trois ou quatre milles, et, ayant feint de s'arrêter, il profite de la nuit *qui survient* pour se sauver. Le matin, c'était bien le neuvième jour du siége et le 8 *du mois*, les Juifs, s'apercevant de son départ, attaquent et taillent en pièces les quatre cents hommes qu'il avait laissés dans son camp. Cela se passa, ajoute Josèphe, le 8 du mois dius.

J'arrive donc, suivant le détail au 8 du mois, comme Josèphe.

Chronologie, par Fréret, tome 3, page 297.

« Les différents manuscrits et les différentes versions « s'accordent à compter cinq générations, en remontant « de la naissance d'Abraham à celle de Phaleg. Mais la « durée assignée à ces générations est très-différente : « dans le texte hébreu, elle n'est que de 251 ans. Le « manuscrit des Samaritains et deux éditions des *Sep-* « *tante* donnent à l'intervalle en question 541 ans; d'au- « tres éditions des *Septante* lui donnent 645 ou même « 671 ans. »

Les deux nombres 541 et 671 sont les mêmes, exprimés selon les deux numérations par 8 et par 10.

J'ai donné grand nombre d'exemples où le chiffre 4 a été changé en 5. Ici 541 est mis pour 441. Le nombre 671 se compose de :

600, soit 6 fois 64 formant	384
71, c'est 7 fois 8 plus 1, soit	57
671 égal à	441

On peut remarquer que ce sont deux citations différentes des Septante, qui donnent ces deux nombres.

Je ne pousserai pas plus loin ces citations, quoique j'en ai encore en réserve. Je pense qu'elles sont plus que suffisantes pour prouver l'existence de la numération par huit, et son emploi dans les écrits de tous les anciens auteurs. Aucune découverte scientifique ou historique n'a jeté autant de lumière sur les temps anciens.

BIBLIOTHÈQUE IMPÉRIALE IMPR.

TABLE DES MATIÈRES.

Pages.

FIN DE LA TABLE.

BIBL. IMPÉRIALE

www.ingramcontent.com/pod-product-compliance
Ingram Content Group UK Ltd.
Pitfield, Milton Keynes, MK11 3LW, UK
UKHW022011170726
13837UKWH00001B/121

9 782019 993627